徹底
攻略

Google
Cloud

Associate Cloud Engineer

教科書

クラウドエース株式会社
根本泰輔　　中野慎也　　佐塚大瑚
著　奥村健太　　坂田功祐
前山弘樹　　久保航太

インプレス

本書は、Google Cloud 認定資格 Associate Cloud Engineer の受験対策用の教材です。
著者、株式会社インプレスは、本書の使用による Associate Cloud Engineer 試験への合格を一切保証しません。

本書の内容については正確な記述につとめましたが、著者、株式会社インプレスは
本書の内容に基づくいかなる試験の結果にも一切責任を負いません。

Google、Google Cloud は Google LLC の米国およびその他の国における登録商標または
商標です。
その他、本文中の製品名およびサービス名は、一般に開発メーカーおよびサービス提供元
の商標または登録商標です。なお、本文中には ™、®、© は明記していません。

インプレスの書籍ホームページ

書籍の新刊や正誤表など最新情報を随時更新しております。

https://book.impress.co.jp/

まえがき

　2010年代を通じて、パブリッククラウドはビジネスの発展に欠かせないツールとして認識されるようになりました。その中でも、Google Cloud Platform（以下、Google Cloud）は様々なビジネスの発展に寄与しています。本書は、ITエンジニアをはじめとするGoogle Cloudに関心のある皆様に向け、Google Cloud認定資格取得をサポートすることを目的に執筆をしました。

　本書で扱うAssociate Cloud Engineer（以下、ACE）資格は、Google Cloud認定資格における、クラウドエンジニアとしての基礎的なスキルと知識を証明するものです。これからクラウド分野でキャリアを築きたい方々に特にお勧めの資格であり、ACE資格取得者はGoogle Cloud上でのシステム開発や運用に必要な知識を持ち、実践できる能力を有することが証明されます。さらに、本書はエンジニアだけでなく、プロジェクトマネージャーやデータアナリストなど、Google Cloudを活用する様々な職種の方々にも役立つ情報を盛り込んでいます。これにより、異なるバックグラウンドを持つチームメンバーが共通の用語でコミュニケーションし、効果的に協力できることを目指しています。

　本書では、ACE試験における重要なトピックを説明するにあたり、Google Cloudの各サービスや技術を解説する第1章から第5章と、実際のユースケースに基づいた解説をする第6章から第8章を設けました。これにより、ベースとなる知識を有した上で、試験でよく問われるユースケースを理解していただくことができます。また、各章の最後には演習問題を用意しているため、理解度を確認しながら学習を進めることができます。こうした演習に加えて、実際にGoogle Cloudを使うと、さらに理解が深まります。ぜひ、Google Cloudに実際に触れ、手を動かしながら学ぶことで、真のスキルを身につけてください。

　また、本書の執筆にあたっては、基本原則や各サービスの特徴を強調することで、Google Cloudの考え方や設計思想を理解できるよう心掛けました。これは、多少のサービスの変更があっても長く利用できる書籍を目指したものです。このように、サービスの変更は常に発生する可能性がある

ことから、Google が発行する公式ドキュメントも併せて参照することを推奨します。

　我々は、Google Cloud にかかわる多くの皆様がこの書籍を通じて Google Cloud における知識とスキルを磨き、資格の取得だけでなく日々の業務やプロジェクトに活かしていただけることを切に願っています。そして、Google Cloud コミュニティにおいて、皆様がリーダーとして活躍し、新しい価値を生み出すことを期待しています。

　最後に、本書の執筆をサポートしてくださった皆様に感謝申し上げます。著者が在籍しているクラウドエースからは、著者以外の多くのエンジニアからもフィードバックや助言をもらいました。彼らの経験と知識が、本書の質を向上させる大きな力となっています。また、出版を担当いただいたインプレスの千葉様、編集を担当いただいたトップスタジオの清水様、金野様には、書籍執筆に慣れていない我々をいくつもの場面で助けていただきました。著者を代表して、厚く御礼申し上げます。

　それでは、本書を通じた Google Cloud に関する皆様の学習の旅が、有意義で楽しいものになることを心より願っています。皆様の努力が実り、成功への道が開かれることを期待しております。

2023 年 7 月
著者代表 根本 泰輔

　Google Cloud 認定資格は、Google Cloud が提供しているクラウドコンピューティングサービスに関する知識やスキルを、試験を通して認められた者に与えられる資格です。分野ごとにいくつかの資格試験に分かれており、各分野の専門知識や、サービスの設計・実装・管理に必要なスキルが問われます。そのため、Google Cloud 認定資格を取得することで、それぞれの分野において知識や開発・管理・運用スキルを持っていることが証明できます。

　Google Cloud 認定資格は資格ごとに、推奨される実務経験や評価内容が異なります。資格別の体系は次の表の通りです。

【Google Cloud 認定の資格体系】

	基礎的な認定資格	アソシエイト認定資格	プロフェッショナル認定資格
推奨される実務経験	Google Cloudの使用経験は不要	Google Cloudの使用経験が6か月以上	業界での職務経験が3年以上あり、Google Cloudの使用経験が1年以上
評価内容	クラウドのコンセプトやGoogle Cloudのサービス、ツール、機能、メリット、利用事例に関する幅広い知識を評価	クラウドプロジェクトを実装して維持するための基礎スキルを評価	主要な技術職務とGoogle Cloudサービスの設計、実装、管理における高度なスキルを評価
該当資格	・Cloud Digital Leader	・Associate Cloud Engineer	・Professional Cloud Architect ・Professional Cloud Database Engineer ・Professional Cloud Developer ・Professional Data Engineer ・Professional Cloud DevOps Engineer ・Professional Cloud Security Engineer ・Professional Cloud Network Engineer ・Professional Google Workspace Administrator ・Professional Machine Learning Engineer

資格体系について、Google Cloud 公式の最新情報は次の URL から確認できます。
https://cloud.google.com/certification?hl=ja

Associate Cloud Engineer 資格の概要

　本書では、アソシエイト認定資格の、Associate Cloud Engineer（以下、ACE）資格について扱います。

　ACE 資格に合格することで、アプリケーションの基礎的な設計・開発・モニタリング・管理を行う能力や、Google Cloud コンソールとコマンドラインインターフェースを使用して一般的な環境を構築し、Google Cloud のサービスを使用したアプリケーションやシステムの管理を行う能力があることが証明されます。

● 出題範囲

　試験の内容は次の 5 つのセクションから出題されます。

・クラウドソリューション環境の設定
・クラウドソリューションの計画と構成
・クラウドソリューションのデプロイメントと実装
・クラウドソリューションの正常なオペレーションの確保
・アクセスとセキュリティの構成

　実際の試験ではセクションごとに分かれて出題されるわけではなく、ランダムに出題されるため注意してください。また、各セクションから出題される割合は非公開となっています。

● 試験要項

・試験時間：120分
・模擬試験の受験料：無料
・本試験の受験料：$125（税別）
・受験の必須条件：なし
・試験の言語：英語、日本語、スペイン語、ポルトガル語
・試験形式：50〜60問の多肢選択（複数選択）式
・実施形式：遠隔監視オンライン試験、または、テストセンターでオンサイト監視試験（どちらもKryterionが実施）

・有効期間：認定日から3年間

　試験要項について、Google Cloud 公式の最新情報は次の URL から確認できます。
https://cloud.google.com/certification/cloud-engineer?hl=ja

●試験の申し込み方法

　次の手順で ACE 資格の試験を申し込みます。

1. 次のURLからACE資格の公式概要ページにアクセスし、「登録」ボタンを押す
   https://cloud.google.com/certification/cloud-engineer?hl=ja
2. Google Cloud Webassessorアカウントでログインする（アカウントがなければ作成する）
3. 「試験の申し込み」のページにアクセスし、ACE資格の欄から「遠隔監視」か「オンサイト監視」を選択する
4. 遠隔監視であれば希望の日程、オンサイト監視であれば希望の試験会場と日程を選択する
5. お支払い情報を確認し、申し込む

Google Cloud を使い始めるには

　本試験では実践的な知識も多く問われるため、実際に Google Cloud に触れながら学習することで、より理解を深められます。ここでは、Google Cloud を使い始める際の手順について説明します。
　Google Cloud を使うにあたり、次の3つのものが必要になります。

・アカウント
・Google Cloudプロジェクト
・請求先アカウント

それぞれについて説明します。

●アカウント

Google Cloud を使うにはアカウントが必要です。次の3つのアカウントのうち、いずれかを用意します。

・Googleアカウント
・Google Workspace（旧G Suite）によって発行されたアカウント
・Cloud Identityによって発行されたアカウント

既にアカウントを持っている場合はそのまま使用できますが、まだ持っていない場合は新規作成が必要です。

● Google Cloud プロジェクト

Google Cloud では、プロジェクトという単位でリソースを管理しており、プロジェクトをあらかじめ用意する必要があります。
詳しくはこの後の第1章で説明します。

●請求先アカウント

Google Cloud のリソースは従量課金制となっており、リソースを利用した分だけ料金が発生します。Google Cloud の利用料金の請求先として、請求先アカウントを作成する必要があります。
詳しくは第2章で説明します。

● Google Cloud を使用する流れ

実際に Google Cloud を使い始める際の流れを説明します。大まかな流れは次のようになります。

1. アカウントを作成
2. 請求先アカウント、プロジェクトを作成
3. 請求先アカウントとプロジェクトを紐づけ

アカウントは先ほど紹介した3つの中から選択します。今回は、個人でGoogleアカウントを使用した場合の手順を解説します。アカウントの作成方法に関しては、次の URL から「自分用」で作成してください。

https://support.google.com/accounts/answer/27441?hl=ja

　続いて、請求先アカウント、プロジェクトを作成するには、次の URL から Google Cloud コンソールにアクセスします。

https://cloud.google.com/docs/get-started?hl=ja

　請求先アカウントの作成は、ナビゲーションメニューの「お支払い」を選択し、「請求先アカウントを追加」を選択します。案内に従い、必要な情報を入力すると完了します。
　請求先アカウントの追加には、次の情報が必要になります。

・アカウントの種類（個人を選択）
・お支払い方法（クレジットカード情報）
・住所

　請求先アカウントを作成すると、自動的に請求先アカウントに紐づけられたプロジェクトが作成されます。
　新しいプロジェクトを作成したい場合は、「新しいプロジェクト」から作成を行います。プロジェクトを作成すると、請求先アカウントが 1 つしかない場合、プロジェクトと請求先アカウントが自動的に紐づけられます。実際に紐づいているかは、ナビゲーションメニューの「お支払い」を選択し、「アカウント管理」を選択すると、確認できます。
　ここまでで、Google Cloud を使い始めるための準備は完了しました。
　企業で Google Cloud を使い始めるには、上記より多くの設定が必要です。企業利用向けの設定がまとめられたチェックリストは、次の URL から確認できます。

https://cloud.google.com/docs/enterprise/setup-checklist?hl=ja

■ 本書の特長と活用方法

　本書は、ACE 資格の合格を目指す方を対象とした受験対策教材です。本試験の試験範囲に沿って、合格に必要な知識を習得できるよう、丁寧に説明しています。
　第 1 章から第 5 章は Google Cloud のサービスの機能や特徴、第 6 章はユースケースに基づいた Google Cloud のサービスの選択方法、第 7 章と第 8 章は運用にあたって知っておくべきポイントやコマンドについてそれぞれ説明しています。

● 受験対策のポイント

本試験では、Google Cloud を使ったアプリケーションの基礎的な設計・開発・モニタリング・管理を行う能力が問われます。そのため、Google Cloud のサービスの機能や特徴を覚えるだけでなく、各サービスのユースケースも知っておく必要があります。また、アプリケーションのパフォーマンスやセキュリティの向上、コスト削減といった要件に応じて、適切な手法を選択できる能力も問われます。特定の要件に対してどのサービスをどのように組み合わせ、どのように使用することで最適なソリューションを適用できるかを理解しておくことが重要です。

本書は、Google Cloud のサービスの機能や特徴といった理論的な知識だけでなく、ユースケースや Google Cloud を使用して設計・開発・運用を行うにあたって知っておくべきポイントなど、実践的な知識を身につけられるような構成になっています。Google Cloud の各サービスについて理解を深め、実際のシナリオに基づいた問題解決能力を養いましょう。

● 本書の構成

各章は、解説と演習問題で構成されています。解説を読み終えたら、演習問題を解いて理解度をチェックしてみましょう。正解できなかった問題は該当する解説のページに戻って復習してください。

本書を読み終えた後は、本試験に近い模擬問題で受験対策の総仕上げをしましょう。模擬問題は読者特典として、本書のサポートページからダウンロードできます。

本書のサポートページ

https://book.impress.co.jp/books/1122101107

※ご利用には、CLUB Impress への会員登録（無料）が必要です。

- 本書に記載されている Google Cloud のサービスの名称や内容、設定値、料金、試験の出題範囲などは特に注記がない限り執筆時点（2023年5月）のものです。
- 読者特典の模擬問題は、Google Cloud の公式模擬試験問題ではありません。

● 解説

重要語句
本文中の重要語句は色文字
で示しています。

3   プロジェクトとリソース階層

　　Google Cloud 上で開発するシステムは、システムの構成要素である**リソース**を組み合わせて、**プロジェクト**と呼ばれる単位で管理をします。ここでは、リソース、プロジェクトの定義と、これらを階層的に管理するリソース階層について説明します。

● リソース

　　リソースは、システムの各構成要素を指す言葉です。例えば、Web サーバーであれば「Compute Engine インスタンス」であり、データベースサーバーで

試験対策
試験のために理解しておか
なければならないことや、
覚えておかなければいけな
い重要事項を示しています。

> **試験対策** Google Cloud Pricing Calculator を使用すれば、事前に料金を見積もることができる点を覚えておきましょう。

参考
試験対策とは直接関係はあ
りませんが、知っておくと
有益な情報を示しています。

> **参考** 次の URL から、誰でも Google Cloud Pricing Calculator へアクセスできます。
> https://cloud.google.com/products/calculator?hl=ja

● 演習問題・解答

> **Q** 演習問題

問題
問題は選択式です。

> **1** 50TB のデータを扱うリレーショナルデータベースを構築する必要があります。最もコスト効率がよいプロダクトはどれですか。
>
> A.　Cloud Spanner
>
> B.　Cloud SQL
>
> C.　BigQuery

> **A** 解答

解答
正解の選択肢は太字で示し
ています。

> **1** B
>
> リレーショナルデータベースという要件があるため、「Cloud SQL」か「Cloud Spanner」を選択する必要があります。Cloud SQL にはストレージ上限（64TB まで）が設定されていますが、今回はそれを超過しないため、Cloud SQL が適切な選択肢です。

目次

まえがき ……………………………………………………………… 3

Google Cloud 認定資格について ……………………………… 6

Associate Cloud Engineer 資格の概要 ……………………… 6

Google Cloud を使い始めるには …………………………… 7

本書の特長と活用方法 ………………………………………… 9

第 1 章　Google Cloud の概要

1-1　Google と Google Cloud …………………………………… 18

　　　Google Cloud とは ………………………………………… 18

1-2　Google Cloud を構成する基本的な要素 ………………… 20

　　　Google Cloud のネットワーク ………………………… 20

　　　リージョンとゾーン ……………………………………… 20

　　　プロジェクトとリソース階層 ………………………… 22

　　　Google Cloud の操作 …………………………………… 24

　　　Google Cloud プロダクトの種類 …………………… 25

　　　演習問題 ……………………………………………………… 30

第 2 章　Google Cloud の管理

2-1　Google Cloud におけるユーザー・権限管理 …………… 34

　　　Identity and Access Management（IAM）の概要 …………… 34

　　　IAM を構成する 3 要素 ………………………………… 36

　　　Cloud Identity …………………………………………… 46

　　　Access Approval ………………………………………… 48

　　　ユーザー・権限管理のベストプラクティス ………… 48

2-2　Google Cloud におけるコスト管理 ……………………… 50

　　　請求先アカウントの管理について ……………………… 50

　　　コスト管理ツールについて ……………………………… 52

2-3　Google Cloud における監査ログ ……………………… 55

　　　監査ログの種類・仕組み ………………………………… 55

　　　監査ログのアクセス制御 ………………………………… 58

　　　演習問題 ……………………………………………………… 59

第5章　ネットワーキングと運用

第6章　サービス・プロダクトの選択と構成

Google Cloud

Associate Cloud Engineer

第1章

Google Cloudの概要

1-1 GoogleとGoogle Cloud

Google Cloud について学習するにあたり、まずは全体像を把握するところから始めていきます。本節では、Google Cloud の成り立ちについて説明します。

1 Google Cloud とは

　Google は、様々なサービスや製品を世界中のユーザーに向けて提供する IT 企業です。中でも、Google 検索、Gmail、YouTube といったサービスは Google を代表する Web サービスであり、全世界のユーザーからの大量のアクセスを常に受け付けています。こうした Web サービスを安定して提供するためには、信頼性の高い IT インフラが必要となります。Google はこの IT インフラを自社で開発・構築することで、Google 自身が効率的にサービスの開発や運用ができる環境を整えてきました。そしてさらに、Google はこの IT インフラを自社利用するだけでなく、顧客も直接利用できるようクラウドサービスとして提供してきました。このクラウドサービスこそ、本書で取り扱う Google Cloud（旧 Google Cloud Platform）です。

　本書では、Google Cloud を活用する IT エンジニアがまず取得をめざすことが多い Associate Cloud Engineer 資格について、試験合格のために必要な知識をコンパクトにまとめて解説します。

[Google のサービスを支えるインフラである Google Cloud]

Google Cloudを構成する基本的な要素

それでは、Google Cloud を構成する要素を理解するところから
スタートしましょう。本節では、Google Cloud の地理的な構成
要素と論理的な構成要素に加え、操作するためのインターフェース
や代表的なサービスについて説明します。

1 Google Cloud のネットワーク

　Google Cloud の実体は、世界中に設置されたデータセンターで稼働するコン
ピュータと、それらをつなぐネットワークです。Google Cloud が稼働している
世界中のデータセンター間は、Google 独自のネットワーク網で接続されていま
す。これは、Google 自身が世界中に自社サービスを展開するために用いるネッ
トワークであると同時に、Google Cloud の利用者が Google Cloud 上に構築し
たシステム内の通信に用いるネットワークでもあります。

　Google Cloud の実体を、よりユーザーが意識できる単位に置き換えると、地
理的な要素である「**リージョン**」と「**ゾーン**」と、論理的な要素である「**プロジェ
クト**」と「**リソース階層**」に分けられます。ここでは、これらの要素について、
それぞれ説明します。

2 リージョンとゾーン

　ユーザーが実際に Google Cloud 上でシステムを構築するには、地理的にどの
あたりのデータセンターでそのシステムを稼働させるかを選択する必要があり
ます。ロケーションを選択する際には「リージョン」と「ゾーン」と呼ばれる
単位を使用します。

● リージョン

　リージョンはデータセンターが設置されている地理的なエリアを指す単位で
す。東京やフランクフルト、ロサンゼルスなど、世界各地の主要都市に設置さ

れており、現在も新たなリージョンの開設が続けられています。リージョンを選択する際には、Google Cloud 上で稼働するシステムの利用者が最も多い地域に近いリージョンや、コスト的に最もメリットが大きいリージョンを選択することが多いです。

● ゾーン

ゾーンはリージョンの中に存在している、独立して稼働が可能なコンピューティングリソースのグループを示す単位です。同一リージョン内のゾーン間は高速なネットワークで接続されています。ゾーンが分かれていれば、特定のゾーン内部で障害が発生したとしても、リージョン全体としての稼働を保つことができます。これは、1つのゾーン内では電源などの物理的な機器や設備が共有されていることによります。そのため、ゾーンは単一障害点とみなせることになります。

> 単一障害点（Single Point of Failure）とは、そこに何らかの障害が発生した場合にシステム全体が停止してしまう箇所のことです。例えば、ネットワーク機器や電源などがシステム全体で1つしかない場合、これらは単一障害点と呼ばれます。

単一障害点が生じないようにして可用性を向上させたい場合には、システムを複数のゾーンに配置する設計を検討する必要があります。これをマルチゾーンと呼びます。同様に、自然災害などリージョン単位で発生しうる障害に対する備えが必要な場合には、複数のリージョンにシステムを配置する設計の検討が必要になります。これをマルチリージョンと呼びます。

リージョンとゾーンの具体例を図に示します。

[リージョンとゾーンの関係（東京リージョンの場合）]

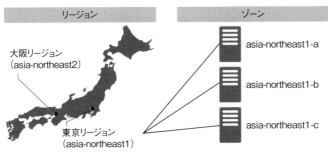

本書執筆時点（2023 年 5 月）においては、日本国内に東京リージョン "asia-northeast1" と大阪リージョン "asia-northeast2" という 2 つのリージョンがあります。さらに、東京リージョンの中には 3 つのゾーンがあり、リージョン名の末尾に "-a"、"-b"、"-c" を付けてゾーン名を表現します。

試験対策 リージョンとゾーンの関係性について、覚えておきましょう。

3 プロジェクトとリソース階層

Google Cloud 上で開発するシステムは、システムの構成要素である**リソース**を組み合わせて、**プロジェクト**と呼ばれる単位で管理をします。ここでは、リソース、プロジェクトの定義と、これらを階層的に管理するリソース階層について説明します。

● リソース

リソースは、システムの各構成要素を指す言葉です。例えば、Web サーバーであれば「Compute Engine インスタンス」であり、データベースサーバーであれば「Cloud SQL インスタンス」となります。このように、Google Cloud の各サービスから構築または設定した要素がリソースと呼ばれます。

● プロジェクト

プロジェクトは、システムを構成するリソースをまとめるための最小単位です。一般的には、システム開発における個々の環境ごとにプロジェクトを作り分けます（例：開発環境、テスト環境、本番環境、など）。

実際のシステムでは、こうしたプロジェクトが複数構築されるため、これらのプロジェクトをまとめて管理したいといったニーズや、すべてのプロジェクトに共通の制約を設けたいといったニーズが出てくることがあります。こうしたニーズに応えられるよう、Google Cloud では「**組織**」「**フォルダ**」といったリソース階層が設けられています。なお、「プロジェクト」「組織」「フォルダ」もリソー

スの一種ですが、便宜上ここでは「プロジェクト」の中に存在する構成要素を「リ
ソース」として説明します。

● 組織

Google Cloud のリソース階層においては、組織が最上位の存在となります。
実際にも、企業や大きな組織単位で設定することが多いです。組織配下に複数
のフォルダやプロジェクトを配置することができます。

● フォルダ

複数のプロジェクトをグループ化するには、フォルダを構成します。PC で使
用するファイルシステムと同じく、フォルダ同士で階層構造を持つことができ
ます。

フォルダを用いることにより部署やチームといった組織構造をモデル化し、プ
ロジェクトやその中で管理されているリソースを効率的に管理できます。

ここまで説明した、組織・フォルダ・プロジェクト・リソースを1つの図に
まとめると、次のようになります。

[組織・フォルダ・プロジェクト・リソースの階層構造]

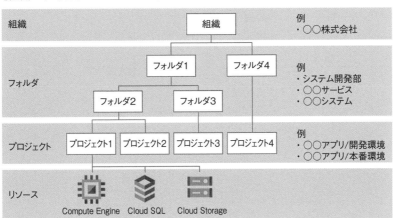

このように、プロジェクトを組織やフォルダの配下に置くことで、複数プロ
ジェクトをまとめた管理が実施しやすくなります。特に、企業において Google
Cloud を利用する際には、部署やチーム、開発プロジェクトごとに対応させて

リソース階層を適切に構成することで、アクセス権限などをまとめて管理することができ、管理コストを抑えることができます。

試験対策 組織、フォルダ、プロジェクト、リソースの階層構造について覚えておきましょう。

4　Google Cloud の操作

　Google Cloud を操作する主な方法としては、GUI（Graphical User Interface）、CLI（Command Line Interface）、API（Application Programming Interface）の3種類があります。

　GUI は、**Google Cloud コンソール**と呼ばれる Web 上の管理画面から操作する方法です。ユーザーが Google Cloud コンソールにアクセスすると、ユーザー認証があります。認証後に表示された画面において、操作したいプロジェクトを選択することで、操作対象を特定のプロジェクトに限定させることができます。

[Google Cloud コンソールのイメージ[1]]

※1　Google CloudコンソールおよびCloud Shellの画面イメージ：https://cloud.google.com/docs/overview?hl=ja#ways_to_interact_with_the_services

CLI は、Google Cloud のリソースに接続可能な機器からコマンドラインを使用して操作する方法です。特によく使用される方法としては、Google Cloud コンソール上で起動可能な **Cloud Shell** が挙げられます。Cloud Shell は、Web ブラウザ上で操作可能なシェル環境です。Google Cloud を操作するために必要なツールなどがプリインストールされているため、開発の効率化にもつながります。

[Cloud Shell のイメージ[1]]

```
Welcome to Cloud Shell! Type "help" to get started.
sangeethaa@test-project-165220:~$ gcloud version
Google Cloud SDK 158.0.0
alpha 2017.03.24
app-engine-go
app-engine-java 1.9.53
app-engine-python 1.9.54
beta 2017.03.24
bq 2.0.24
cloud-datastore-emulator 1.2.1
core 2017.06.02
datalab 20170525
docker-credential-gcr
gcd-emulator v1beta3-1.0.0
gcloud
gsutil 4.26
kubectl
pubsub-emulator 2017.03.24
sangeethaa@test-project-165220:~$
```

API は、Google Cloud のリソースに接続可能なプログラムやツールなどから操作することができます。プログラムとして動作するため、他の方法では実現が難しいカスタマイズ性の高い操作をする使い方に適しています。

試験対策　Google Cloud コンソールは Web 上の管理画面であり、Cloud Shell は Google Cloud コンソール上で動作するシェル環境であることを覚えておきましょう。

5　Google Cloud プロダクトの種類

Google Cloud では、開発者のニーズに沿った数多くのサービスがあらかじめ

提供されています。本書では、こうした Google Cloud が提供する各サービスメニューのことを Google の製品の 1 つとみなして「プロダクト」と呼ぶこととします。

　開発者がシステムを構築する際、必要に応じて様々なプロダクトを利用することになります。ここでは、主に Associate Cloud Engineer 資格試験において登場するプロダクトの概要を紹介します。

● ユーザー・権限管理およびアクセス制御に関するプロダクト

　Google Cloud 上のリソースに対して誰が何にアクセスできるかなどを制御するセキュリティ機能です。用途や運用形態に応じていくつかのプロダクトが用意されています。

［ユーザー・権限管理およびアクセス制御のプロダクト一覧］

プロダクト名	呼称や略称	概要
Identity and Access Management	IAM	誰がどのリソースにどのようなアクセス権を持つかを制御する機能を提供
Cloud Identity	左に同じ	シングルサインオンなどの他認証システムとの統合や多要素認証などのセキュリティ機能を提供

● コンピューティングに関するプロダクト

　アプリケーションの実行環境として利用するのがコンピューティングです。用途や運用形態に応じていくつかのプロダクトが用意されています。

［コンピューティングのプロダクト一覧］

プロダクト名	呼称や略称	概要
Compute Engine	Google Compute Engine、GCE	OS 上で稼働するアプリケーションの実行環境として仮想マシンを提供
Google Kubernetes Engine	Kubernetes Engine、GKE	コンテナ化されたアプリケーションの実行環境として Kubernetes の環境を提供
Cloud Run	左に同じ	コンテナ化されたアプリケーションの実行環境を提供
App Engine	Google App Engine、GAE	Web アプリケーションの実行環境を提供

Cloud Functions	Google Cloud Functions、GCF	イベントトリガーで動作する簡易的なコード（関数）の実行環境を提供

● データベース / ストレージに関するプロダクト

Google Cloud 上で永続的にデータを保持するために利用されるのがデータベースやストレージです。

[データベース / ストレージのプロダクト一覧]

プロダクト名	呼称や略称	概要
Cloud SQL	左に同じ	MySQL、PostgreSQL、Microsoft SQL Server のいずれかを DB エンジンとしたリレーショナルデータベースを提供
Cloud Spanner	Spanner	Google 独自の DB エンジンを用いた分散リレーショナルデータベースを提供
Cloud Bigtable	Bigtable	列指向型の NoSQL データベースを提供
Firestore	左に同じ	ドキュメント型の NoSQL データベースを提供
Datastore	左に同じ	Key-Value 型の NoSQL データベースを提供
Memorystore	左に同じ	インメモリデータベースを提供
Cloud Storage	Google Cloud Storage、GCS	オブジェクトストレージを提供
Filestore	左に同じ	ファイルストレージを提供
Transfer Appliance	左に同じ	専用デバイスを用いて Google Cloud へ大容量のデータを転送する機能を提供

Google Cloud は取得したデータを分析するためのプロダクトも充実しています。次のプロダクトを組み合わせることで、データ分析基盤の構築ができます。

[データ分析のプロダクト一覧]

プロダクト名	呼称や略称	概要
BigQuery	BQ	データ蓄積と SQL 実行が可能なデータウェアハウスを提供
Pub/Sub	Cloud Pub/Sub	非同期のメッセージングサービスを提供

| Dataflow | 左に同じ | データの抽出・変換・出力といった ETL 機能を提供 |
| Dataproc | 左に同じ | Apache Spark や Apache Hadoop を用いた分散処理が可能な実行基盤を提供 |

● ネットワーキングに関するプロダクト

オンプレミス環境において各種ネットワーク機器などが担ってきた機能についても、Google Cloud ではプロダクトとして用意されているため、仮想的なネットワーク空間を構築しやすくなっています。

［ネットワーキングのプロダクト一覧］

プロダクト名	呼称や略称	概要
Virtual Private Cloud	VPC	仮想的なプライベートクラウド環境を提供
Cloud Load Balancing	GCLB	トラフィック負荷分散の機能を提供
Cloud CDN	CDN	Google 独自のネットワークを活用した高速なコンテンツ配信を提供
Cloud DNS	DNS	インターネットにおける名前解決サービスを提供
Cloud NAT	NAT	ネットワークアドレス変換の機能を提供
Cloud VPN	VPN	VPC とオンプレミス環境の間にプライベートなネットワーク接続を提供
Cloud Interconnect	Interconnect	物理的な専用線を使用し、VPC ネットワークと別のネットワークとの間にプライベートな接続を提供

● 運用（ログ・モニタリングなど）に関するプロダクト

システムを安定的に稼働させるためには、運用を支援する機能が不可欠です。Google Cloud では監視やログ管理、パフォーマンス測定に必要な機能があらかじめプロダクトとして用意されています。

［運用（ログ・モニタリングなど）のプロダクト一覧］

プロダクト名	呼称や略称	概要
Cloud Logging	Logging	システムから発生するログの収集機能を提供

Cloud Monitoring	Monitoring	システムを監視してアラートを通知する機能と、その結果を調査・分析できる画面を提供
Cloud Trace	Trace	アプリケーションの処理時間・通信遅延を可視化する機能を提供
Cloud Profiler	Profiler	アプリケーションの CPU 使用率やメモリ割り当てなどの情報を可視化する機能を提供

● その他のプロダクトやサービス

　Google Cloudには上記以外のプロダクトやサービスも数多く存在しています。すべてを紹介することはできないため、本書ではその一部についてのみ説明します。

[その他のプロダクトやサービス一覧]

プロダクト名	呼称や略称	概要
Deployment Manager	Google Cloud Deployment Manager、Cloud Deployment Manager	Google Cloud のリソースを作成・管理するための IaC ツール
Cloud Foundation Toolkit	左に同じ	Infrastructure as Code（IaC）の既成テンプレートを提供
Config Connector	左に同じ	Kubernetes を使用して Google Cloud リソースを管理できるアドオンを提供
Cloud Marketplace	Google Cloud Marketplace	便利なソリューションを必要なものだけ選べるプラットフォームを提供

　次章以降では、ここまでに紹介したプロダクトやサービスの説明を、より詳しく行っていきます。

1 Google Cloud の要素である「リージョン」と「ゾーン」について、適切に説明している選択肢はどれですか。

    A.   ゾーンの中にリージョンがある

    B.   リージョンの中にゾーンがある

    C.   リージョンを複数まとめたものをゾーンと呼ぶ

    D.   リージョンの中にクラスタがある

2 あなたはシステム運用者です。Google Cloud 上で稼働する Compute Engine インスタンスを CLI で操作したいと考えています。その操作を最も適切に説明している選択肢はどれですか。

    A.   Google Cloud コンソールにアクセスする

    B.   Google Cloud コンソールにアクセスし、Cloud Shell を立ち上げる

    C.   Virtual Private Cloud にアクセスする

    D.   Virtual Private Cloud にアクセスし、Cloud Shell を立ち上げる

3 あなたは Google Cloud の環境を管理する情報システム部門の担当者です。Google Cloud の環境を管理する方法として、適切ではないものはどれですか。

    A.   「組織」の配下にリソースを配置して管理する

    B.   システム環境ごとに「プロジェクト」を分けて管理する

    C.   「フォルダ」を作成することで一定のリソースをまとめて管理する

    D.   「ゾーン」ごとにオブジェクトを作成して管理する

A 解答

1 B

選択肢Bは「リージョン」と「ゾーン」の関係を正しく表現しています。

2 B

Cloud Shellは、Google Cloudコンソールと呼ばれるGUI上で起動可能なCLIです。一方、Virtual Private Cloudは仮想的なプライベートクラウド環境を提供するプロダクトであるため誤りです。

3 D

Google Cloudの構成要素は「リソース」と表現されます。選択肢Dはこれを「オブジェクト」と表現しているため、適切ではありません。選択肢A、B、Cはいずれも適切な表現です。

Google Cloud

Associate Cloud Engineer

第2章

Google Cloudの管理

2-1 Google Cloudにおける ユーザー・権限管理

Google Cloud では、リソースを管理する上で「誰が」「どのような役割を」「何に対して」持つのかを定義することで、アクセス制御を実施しています。本節では、こうしたアクセス制御をはじめとした Google Cloud におけるユーザー・権限管理に関連するプロダクトについて説明します。

1 Identity and Access Management（IAM）の概要

Google Cloud を利用してシステム開発をしており、複数のメンバーが1つのプロジェクトを利用している場合、開発者や監査担当者などの具体的な役割に応じて、アクセスできるリソースを制限することが推奨されています。このようなケースにおいて、アクセス制御を実現する機能が「Identity and Access Management（IAM）」です。

IAM は、権限管理とアクセス制御の2つの機能を持っています。システムの管理者が設定するのは権限管理の部分です。Google Cloud は、権限管理の設定に基づいて自動でアクセス制御を行います。

プロジェクトの管理者は、誰（**プリンシパル**）が、どのような役割（**ロール**）を持つのかを、**許可ポリシー**として定義します。これにより、プロジェクトの利用者がどのリソースに対して何を実行できるのかを制御できます。

[IAM の概要]

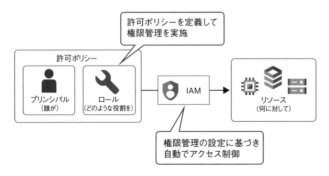

34

　まずは、IAM による権限管理を構成する、「**プリンシパル**」「**ロール**」「**許可ポ
リシー**」という要素の概要について説明します。

　プリンシパルとはリソースに対する操作を実施するユーザーまたはアプリ
ケーションであり、次のような種類があります。

［プリンシパルの種類］

種類	説明
Google アカウント	Google Cloud を利用するユーザー
Google グループ	複数の Google アカウントやサービスアカウントをまとめたもの
サービスアカウント	アプリケーションや仮想マシンなどが使用するアカウント
Google Workspace ドメイン	Google Workspace で作成されたユーザーのグループ
Cloud Identity ドメイン	Cloud Identity で作成されたユーザーのグループ
認証済みのすべてのユーザー	Google アカウントやサービスアカウント、Google Workspace ドメインなどで認証されたすべてのユーザー
すべてのユーザー	未認証のユーザーを含む、インターネット上のすべてのユーザー

　プリンシパルがリソースを操作するためには、該当するリソースを操作する
権限が必要です。Google Cloud では、リソースの操作権限をそれぞれ付与する
のではなく、**ロール**という各リソースの操作権限をまとめたものを用いてプリ
ンシパルへ権限を割り当てます。ロールには、次のような種類があります。

［ロールの種類］

種類	説明
基本ロール	大まかな単位で権限を提供するロール
事前定義ロール	リソースごとに用意されているロール
カスタムロール	ユーザーが権限を選択するロール

　そして、どのプリンシパルが何のロールを持つのかを紐づけるのが**許可ポリ
シー**です。許可ポリシーは Google Cloud リソースに関連付けられ、対象リソー
スへのアクセス制御を実施します。

2   IAM を構成する 3 要素

　ここからは、IAM の概要で説明した「プリンシパル」「ロール」「許可ポリシー」の詳細について順番に説明します。

● プリンシパル

　プリンシパルとは、Google Cloud の各リソースへアクセスする主体となるものです。概ね「Google Cloud のユーザー」を表しますが、Google グループやサービスアカウントのように「特定のユーザー」ではない場合もあります。

●代表的なプリンシパル

　ここでは、代表的なプリンシパルの種類と特徴について説明します。

・Google アカウント

　Google アカウントとは、開発者や管理者など Google Cloud を実際に利用するユーザーを表します。個人で Google Cloud を利用する場合には、最も利用しやすいプリンシパルです。ただし、ユーザーの一元管理ができないため、企業での利用には適していません。企業で Google Cloud を利用する場合には、Cloud Identity や Google Workspace のアカウントを利用するのが望ましいです。

 Cloud Identity と Google Workspace は、どちらもユーザーを一元的に管理するためのクラウドサービスです。Cloud Identity については、次項にて詳しく説明します。Google Workspace については、試験においては重要度が低いため、詳細な説明は割愛します。

・Google グループ

　Google グループとは、一般的なメーリングリストのように複数の Google アカウントやサービスアカウントをグループ化して名前を付けたものです。個別の Google アカウントではなく、Google グループ単位でロールを付与することで、アカウントやロールの増減に柔軟に対応できるため、効率的なアクセス権の管理が行えます。

Google グループを活用することで、権限管理が効率的に行える点を覚えておきましょう。

試験対策

・サービスアカウント

サービスアカウントは、ユーザー自身ではなく、アプリケーションや仮想マシンなどが、他のリソースへアクセスするために使用するアカウントです。

例えば、Compute Engine インスタンスで動作するアプリケーションで Cloud Storage 上の画像ファイルを使用したい場合、Cloud Storage にアクセスするのはユーザーではなくインスタンスです。このときに、インスタンスに接続されているサービスアカウントが認証され、サービスアカウントが持つロールの権限でアプリケーションが動作します。

サービスアカウントには、次のような種類があります。

[サービスアカウントの種類]

種類	説明
ユーザー管理サービスアカウント	ユーザーが作成・管理できるアカウント
デフォルトのサービスアカウント	Google Cloud が作成し、ユーザーが管理するアカウント
Google 管理サービスアカウント	Google Cloud が作成・管理するアカウント

サービスアカウントを利用する場合、一般的には**ユーザー管理サービスアカウント**を利用します。ただし、1つのサービスアカウントを複数のアプリケーションで使用することは推奨されていません。アプリケーションごとにユーザー管理サービスアカウントを作成し、使い分けるようにしましょう。

デフォルトのサービスアカウントは、一部の Google Cloud サービスを有効化したり、使用するときに作成されるアカウントです。デフォルトで編集者ロールが付与されるため、そのまま使用することは推奨されていません。ユーザー管理サービスアカウントで代用するか、後述する「最小権限の原則」に沿って付与するロールを変更してください。

基本的にデフォルトのサービスアカウントは使用せず、アプリケーションごとにユーザー管理サービスアカウントを作成して、使い分けることが推奨されています。

試験対策

なお、サービスアカウントを用いてリソースへアクセスするときには、RSA暗号による認証が行われます。そこで使用される秘密鍵を**サービスアカウントキー**と呼びます。

参考　RSA暗号とは、公開鍵と秘密鍵を利用して暗号化・復号するための暗号化方式です。

　また、サービスアカウントで使われる公開鍵と秘密鍵のペアは、「Google管理の鍵ペア」と「ユーザー管理の鍵ペア」の2つに分けられます。どちらの鍵ペアを使用してもセキュリティ上に問題はありません。一般的には管理コストの低いGoogle管理の鍵ペアを使用しますが、秘密鍵を自分たちで管理しなければならないなどの要件がある場合、ユーザー管理の鍵ペアも選択できます。ただし、ユーザー管理の鍵ペアを利用する際には、鍵の漏洩や紛失といった危険性があるので注意が必要です。
　各鍵ペアの特徴は、次の通りです。

[鍵ペアの特徴]

	Google 管理の鍵ペア	ユーザー管理の鍵ペア
公開鍵の保管	Google	Google
秘密鍵の保管	Google（ダウンロード不可）	ユーザー（紛失した場合、復元不可能）
鍵のローテーション管理	Google側で自動的に管理（最長で2週間）	ユーザーによる管理

試験対策　ユーザー管理の鍵ペアの場合、秘密鍵の保管や、鍵の作成・変更などのローテーション管理を、ユーザー自身で行う必要がある点に注意しましょう。

　また、サービスアカウントに付与された権限は、他のプリンシパルからも借用できます。サービスアカウントの権限を借用するには、プリンシパルに対して、それを許可する事前定義ロールを付与する必要があります。
　例えば、「サービスアカウントユーザー」という事前定義ロールが付与されたプリンシパルは、サービスアカウントが持つ権限を利用してリソースへアクセ

スすることが可能になります。

[権限借用のイメージ]

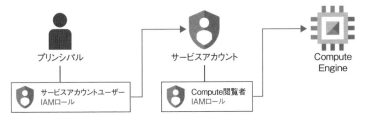

　このように、プリンシパルへ権限を割り当てる方法として、対象となるプリンシパルに直接ロールを割り当てるだけではなく、サービスアカウントに付与されたロールの権限を借用させることもできます。

● プリンシパルの識別子

　IAM でアクセス制御を行うには、対象となるプリンシパルを一意に特定できる必要があります。このとき使用されるのが、プリンシパルの持つ識別子です。プリンシパルの識別子には、主にメールアドレスやドメイン名が使用されています。各プリンシパルの持つ識別子は、次の通りです。

[プリンシパルの識別子]

プリンシパル名	識別子	例
Google アカウント	メールアドレス	example@gmail.com
Google グループ		example@googlegroups.com
サービスアカウント		example@[project-id].iam.gserviceaccount.com
Google Workspace ドメイン	ドメイン名	example.com
Cloud Identity ドメイン		
認証済みのすべてのユーザー	allAuthenticatedUsers	-
すべてのユーザー	allUsers	-

● ロール

　ロールとは、特定の役割に応じて関連性のある権限がまとめられたもので、「Google Cloud での役割」を表すものです。まずは、ロールを構成する権限について説明します。

● 権限について

　権限とは、リソースに対してどのような操作を許可するかを決定するものです。Google Cloud の権限は、プロダクト名．リソース名．操作という形式で表記されます。

[ロールと権限のイメージ例]

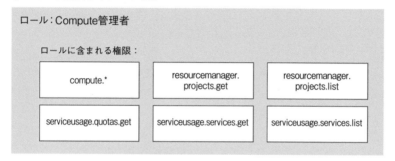

　例えば、「Compute 管理者」というロールには、次のような権限が含まれています。

```
compute.instances.create
```

　これは、「Compute Engine（compute）」というプロダクトにおける、「インスタンス（instances）」というリソースを、「作成（create）」するための権限であることを示しています。

　create の他にも、get、list という既存のリソース情報を取得する権限や、delete という既存のリソースを削除する権限などが提供されています。

試験対策　権限の表記形式を覚えておき、どのような操作を行えるのか読み取れるようにしておきましょう。

正規表現の＊（アスタリスク）を使用して、含まれるすべての権限が表される場合もあります。例：compute.＊など

●ロールの種類と特徴

　ロールには、「基本ロール」「事前定義ロール」「カスタムロール」の3種類があります。ここでは、各ロールの特徴について詳しく説明します。

・基本ロール

　基本ロールは、Google Cloud サービスに対する多くの権限が含まれるロールです。「オーナー」「編集者」「閲覧者」の3つが基本ロールとして提供されており、大まかな単位で権限を付与したい場合に適しています。ただし、きめ細かい権限管理には不向きなため、本番環境のようなセキュリティ的に重要な環境では、他のロールで代替できない場合を除き、基本ロールの使用は控えることが推奨されています。

［基本ロールの一覧］

ロール名	説明
オーナー	プロジェクト内すべてのリソースにおける操作権限を持つロール。プロジェクトの支払いに関する設定も操作可能
編集者	リソースやデータの状態を編集するための権限も含まれているロール。ほとんどのリソースを作成・削除可能だが、すべての操作が実行できるわけではない
閲覧者	リソースやデータを閲覧するための権限がまとめられたロール。リソースやデータの表示は可能だが、リソースの設定変更や削除、保管されているデータの編集などはできない

基本ロールは含まれる権限が多いため、なるべく利用は控えるよう推奨されています。

本書執筆時点（2023年5月）では、オーナーには6,000を超える非常に多くの権限が内包されているため、付与する場合は注意が必要です。

・**事前定義ロール**

事前定義ロールは、Google Cloud によってリソースごとに用意されているロールです。基本ロールより細かく権限を付与したい場合に適しています。例えば、Cloud Storage に保存している画像や動画などのデータ（オブジェクト）のみを閲覧させたい場合、「ストレージオブジェクト閲覧者」というロールを付与します。これにより操作できるリソースを制限し、意図しないリソースへの操作を防止できます。

また、事前定義ロールは Google Cloud によって管理されるため、新しい機能やサービスがリリースされた場合でも、自動的に内包されている権限が更新されます。

事前定義ロールは数が非常に多いため、すべてのロールを覚えておくことは難しいですが、多くの事前定義ロールは、次のような命名規則に従って名前が付けられています。

プロダクト・リソース名　+　役割名

役割名は、対象のプロダクトやリソースが変わっても共通して使用されることが多いため、代表的なものを覚えておくと、事前定義ロールの名前から内包される権限をある程度推測できます。

[代表的な役割名]

役割名	説明
管理者	リソース全体を管理する権限をまとめた役割
作成者	新しいリソースを作成する権限をまとめた役割
編集者	既存のリソースを編集する権限をまとめた役割
閲覧者	既存のリソースを閲覧する権限をまとめた役割

事前定義ロールの例として、Compute Engine と Cloud Storage の一部ロールを抜粋して紹介します。

[Compute Engine のロール例]

ロール名	説明
Compute 管理者	Compute Engine に関するすべての操作を実行できるロール

	Compute Engine リソースの情報を取得して表示するための読み取り専用ロール。リソース内に保管されたデータを閲覧することはできない
Compute 閲覧者	

[Cloud Storage のロール例]

ロール名	説明
ストレージオブジェクト管理者	オブジェクトの一覧表示や作成・削除など、オブジェクトに関連するすべての操作を実行できるロール
ストレージオブジェクト作成者	オブジェクトの作成が可能なロール。既存のオブジェクトを削除したり、上書きすることはできない
ストレージオブジェクト閲覧者	オブジェクトの閲覧が可能なロール

・**カスタムロール**

　カスタムロールは、これまでのロールとは異なり、Google Cloud を利用するユーザーが必要な権限を選択して作成するロールです。必要な権限のみをパッケージ化できるので、権限付与の柔軟性が高く、想定外のリソースへのアクセスを防止できます。これにより、事前定義ロールよりもさらに細かくリソースへのアクセス制御を実現できます。

　しかし、カスタムロールに含まれる権限が古くなったり使われなくなったとしても、自動的に内包されている権限が新しいものに更新されることはありません。このような場合、ユーザー自身でカスタムロールに含まれる権限を更新する必要があります。

試験対策
　カスタムロールは権限を柔軟に設定できます。その一方で、状況に合わせて内包する権限を更新する必要があるため、事前定義ロールより管理コストがかかります。

● **許可ポリシー**

　許可ポリシーとは、プリンシパルとロールの紐づけを対象のリソースへ定義するものと本節の冒頭で説明しました。Google Cloud では、この紐づけを「ロールバインディング」と呼びます。各ロールバインディングには、ロールに対して 1 つ以上のプリンシパルを紐づけます。

[許可ポリシーの概要]

 IAM許可ポリシー

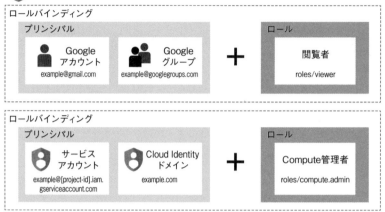

●許可ポリシーの継承

　1-2 節にて、組織やフォルダも一種のリソースであると説明しました。つまり、組織やフォルダに対しても許可ポリシーを定義できるということです。

　組織やフォルダレベルで定義されたポリシーは、その配下の全リソースへ継承されます。例えば、組織レベルで Google グループに「ストレージオブジェクト閲覧者」のロールを付与すると仮定します。その場合、ロールが付与されたグループに所属しているユーザーは、組織内すべてのプロジェクトにおける Cloud Storage のオブジェクトを閲覧可能になります。

　組織やフォルダ配下に含まれるすべてのプロジェクトで、同一の許可ポリシーを定義したい場合などには、継承の機能を利用することで許可ポリシーの管理コストを抑えることが可能です。

[継承のイメージ]

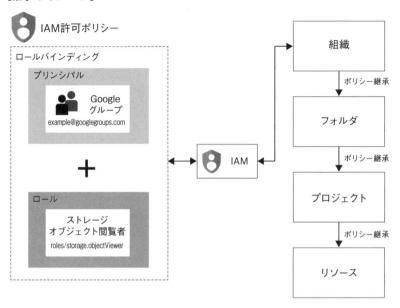

また、親リソースから継承されたポリシーは、その配下のリソースに対して適用されるポリシーで打ち消されることはありません。つまり、親リソースで規制の緩いポリシーが適用されている場合に、子リソースで規制の厳しいポリシーを適用しても、常に親リソースで適用された緩いポリシーが優先されるということです。

試験対策

親リソースから継承されたポリシーは、その配下のリソースに対して適用されるポリシーで打ち消されることはない点を覚えておきましょう。

第2章 Google Cloudの管理

<table>
<tr><td>**3**</td><td>Cloud Identity</td></tr>
</table>

　ここからは、企業に所属しているユーザーの認証情報を一元管理するためのプロダクトである「**Cloud Identity**」について説明します。このプロダクトは、Google Workspace というクラウドサービスでユーザー管理をしていない場合に利用するのが一般的です。

 Cloud Identity には、Free Edition と Premium Edition の 2 種類があります。これらの機能の違いは、次の URL から確認できます。
https://support.google.com/cloudidentity/answer/7431902

　Google Cloud を企業で利用する場合、個人が所有する Google アカウントを使用するのではなく、ユーザーを一元管理できる Cloud Identity を用いてアカウントを管理することが推奨されています。

[Cloud Identity の概要]

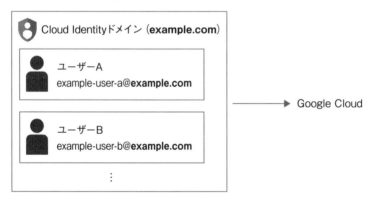

　Cloud Identity への登録には、企業所有のインターネットドメイン（○○○.com など）が必要です。設定したドメインによって、Cloud Identity と組織リソースが紐づけられます。組織リソースは、Cloud Identity の設定が完了すると自動的に作成されます。組織リソースを利用するメリットとしては、全ユーザーに多要素認証を強制できることや、組織配下のプロジェクトへのアクセスを Cloud Identity ユーザーのみに制限できることなどが挙げられます。

企業利用の場合は個人の Google アカウントではなく、Cloud Identity のアカウントの使用が推奨されています。

● Cloud Identity と Active Directory の連携

既に Active Directory（AD）などの外部認証システムを構築している場合、AD 側で管理しているユーザーとグループを Cloud Identity へ同期することで、それらの管理を自動化できます。

[Active Directory 連携のイメージ]

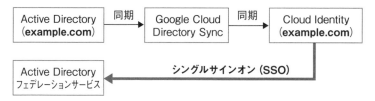

このとき、**Google Cloud Directory Sync** というツールを使用して、ユーザーとグループの同期処理を行います。この同期処理は、AD から Cloud Identity への 1 方向のみで、Cloud Identity での変更は AD へ反映されることはありません。また、AD 側の Active Directory フェデレーションサービスという機能により、Cloud Identity ではシングルサインオン (SSO) 構成が実現できます。

これにより、オンプレミス環境等で構築されたシステムや動作するアプリケーションがある場合でも、引き続き AD 側で認証を行えるため、既存の資産を有効に活用できます。

 Google Cloud Directory Sync は、Active Directory のユーザーとグループを Cloud Identity へ同期するためのツールです。

Google Cloud の従業員がユーザー環境へアクセスすることは基本的にはありません。しかし、Google Cloud 側で何か障害が発生した場合などにおいて、Google のサポートチームがその原因を解析するために、ユーザー環境へアクセスする必要があるケースもあります。

このようなときに「**Access Approval**」という仕組みを用いて、Google のサポートチームからのアクセスリクエストを承認します。

試験対策   Google のサポートチームがユーザー環境へアクセスするには、Access Approval という仕組みを用いて、ユーザーがサポートチームからのアクセスリクエストを承認する必要があります。

●アクセスリクエストの承認方法

実際に Google のサポートチームからのアクセスリクエストを承認するには、組織内で承認作業をするユーザー（プリンシパル）に「アクセス承認者」という事前定義ロールを付与しておく必要があります。

また、アクセスリクエストの承認依頼は、メールまたは Pub/Sub メッセージにて受け取ることができます。

試験対策   アクセスリクエストの承認作業を実施するプリンシパルには、「アクセス承認者」という事前定義ロールが付与されている必要があります。

ここまで、Google Cloud におけるユーザー・権限管理に関連するプロダクトや機能について説明しましたが、これらのプロダクトや機能には、いくつかの推奨事項があります。ここでは、ユーザー・権限管理のベストプラクティスを紹介します。

● 最小権限の原則

　ユーザーに対して付与する権限は、必要最低限にしましょう。基本ロールのような多くの権限が含まれるロールを使用するのではなく、事前定義ロールやカスタムロールを使用した、きめ細かい権限管理が求められています。

● グループへのロール付与

　ロールを付与するときは、各ユーザーに対してではなく、可能な限り Google グループへ付与しましょう。Google グループへ権限を付与していれば、Google Cloud を利用するユーザーやロールが増減しても、権限管理を効率的に行うことができます。

● 組織レベルでのアクセス制御

　個人ではなく企業単位で Google Cloud を利用する場合は、組織レベルでアクセス制御を行いましょう。組織リソースを使用するには、Google Workspace や Cloud Identity を用いたアカウント管理が必要です。

試験対策　ユーザー・権限管理のベストプラクティスは非常に重要です。すべて覚えておきましょう。

第 2 章　Google Cloud の管理

2-2 Google Cloudにおけるコスト管理

Google Cloud のリソースは従量課金制となっており、リソースを利用した分だけ料金が発生します。そのため、慎重にコスト管理をしなければ、予期せぬコストがかかる恐れもあります。本節では、支払いに関する設定と、適切なコスト管理の方法について説明します。

1 請求先アカウントの管理について

Google Cloud では、**Cloud 請求先アカウント**というリソースによって、支払いに関する設定を管理しています。ここからは、Cloud 請求先アカウントの機能や特徴について説明します。

● Cloud 請求先アカウント

Google Cloud のプロジェクトを作成する際には、そのプロジェクトで発生した料金を支払うために Cloud 請求先アカウントを紐づける必要があります。アカウントという名前が付いていますが、Google Cloud を使用するユーザーが使うアカウントとは用途が異なることに注意が必要です。先述の通り、Cloud 請求先アカウントは支払いに関する設定を管理するリソースと理解してください。

[Cloud 請求先アカウントのイメージ]

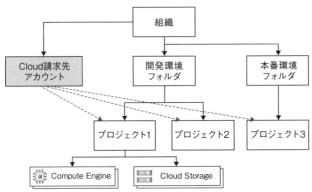

前ページの図の通り、1つの Cloud 請求先アカウントに複数のプロジェクト
を紐づけることができます。また、必要に応じて Cloud 請求先アカウントを使
い分けることで、部署や環境ごとに請求先を分けて管理することもできます。

有効な Cloud 請求先アカウントが設定されていないプロジェクトでは、
Google Cloud のリソースを使用できません。これは、月ごとに上限が設定され
ている Google Cloud の無料枠を使用する場合も同様です。

●Cloud 請求先アカウントの管理

Cloud 請求先アカウントの作成や、Cloud 請求先アカウントとプロジェクト
の紐づけは、Google Cloud コンソールから行うことができます。このような操
作を実施するには、Cloud 請求先アカウントに関するロールを付与する必要が
あります。具体的には、次のような事前定義ロールが提供されています。なお、
基本ロールのオーナーは次の事前定義ロールの権限をすべて持っています。

[Cloud 請求先アカウントに関する事前定義ロール]

ロール名	説明
請求先アカウント作成者	Cloud 請求先アカウントの新規作成が可能
請求先アカウント管理者	Cloud 請求先アカウントの紐づけと紐づけ解除や、Cloud 請求先アカウントに関するロールの割り当てなどの管理操作全般が可能。ただし、アカウントの新規作成はできない
請求先アカウントの費用管理者	Cloud 請求先アカウントの予算設定や費用情報の閲覧・エクスポートが可能
請求先アカウント閲覧者	Cloud 請求先アカウントの費用情報の閲覧が可能
請求先アカウントユーザー	Cloud 請求先アカウントの紐づけが可能。アカウントの紐づけ解除はできない
プロジェクト支払い管理者	Cloud 請求先アカウントの紐づけと紐づけ解除が可能

IAM により、Cloud 請求先アカウントへアクセスできるユーザーを支払い担
当者のみに制限可能です。例えば、経理チームという Google グループだけに「請
求先アカウント管理者」という事前定義ロールを付与した場合、Cloud 請求先
アカウントへのアクセスは、そのグループへ所属するメンバーに限定できます。
これにより、経理チームが支払いに関する設定を一元管理できます。

2 コスト管理ツールについて

ユーザーがコストを管理するために、Google Cloud では次のようなツールを提供しています。

● Google Cloud Pricing Calculator

Google Cloud Pricing Calculator とは、Google Cloud を用いてシステムを構築する際に、発生する費用を事前に計算するためのツールです。リソースをどのリージョンに配置するか、ネットワークの通信量や保存するデータ量はどれぐらいになるか、システムをどのような構成にするかなどを指定することで、Google Cloud の料金をできる限り正確に見積もることができます。

参考

次の URL から、誰でも Google Cloud Pricing Calculator へアクセスできます。
https://cloud.google.com/products/calculator?hl=ja

● 予算アラート

予算アラートとは、予期せぬ料金の発生を検知するために、Cloud 請求先アカウントに対する予算の設定と、設定した予算の超過を通知するための機能です。これにより、実際の料金が設定した予算の任意の割合（50%、80%、100%など）に到達したら、アラートを通知するなどの設定ができます。ただし、実際の料金が予算に到達してもアラートの通知が行われるだけで、自動的にリソースが停止されるわけではないことに注意が必要です。

[予算アラートの概要]

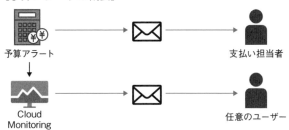

デフォルトでは、この通知は「請求先アカウント管理者」と「請求先アカウントユーザー」のロールを持つユーザー(支払い担当者)が受信できるようになっています。また、Cloud Monitoring を利用することで、組織内の任意のユーザーに対する予算アラートの通知も可能です。

予算アラートの通知方法は、デフォルトではメール通知となっていますが、プログラムによる通知も可能です。プログラムによる通知では、Slack など他のサービスへ通知させたり、事前に仕掛けておいた任意の処理を実行させることもできます。例えば、予算上限に達したらプロジェクトの課金設定を無効化することで、プロジェクト内のすべてのリソースを停止させるプログラムを仕掛けておけば、コスト管理を自動化して予算を厳守させることが可能です。

[プログラムによる通知のイメージ]

試験対策
予算設定とアラートの通知は、あくまで予算の到達率を通知するものであり、リソースの使用を停止させるものではないことに注意してください。

参考
プログラムによる通知は、Pub/Sub というメッセージングサービスを介して行われます。

● 請求レポート

　Google Cloud の課金データは、Google Cloud コンソール上で**請求レポート**として表示できます。請求レポートでは、<u>費用履歴、現在の費用の傾向、費用の予測などを視覚的に確認できます</u>。

　請求レポートを活用することで、次のようなメリットがあります。

・ 正確な請求情報を確認：Google Cloudの利用状況を把握し、請求情報を正確に管理することができます。これにより、意図しない課金を避けることが可能です。
・ 利用料金を最適化：請求レポートでは、必要に応じて様々な設定やフィルタリングを使用することで、分析を効率的に進めることができます。これらの機能を活用することで、利用料金を最適化することができます。

● 課金データのエクスポート

　課金データは、BigQuery や Cloud Storage にエクスポートできます。<u>BigQuery にエクスポートした場合、SQL クエリを使用したリソースの利用傾向の分析や今後の費用予測などができ、請求レポートよりも詳細な分析が可能となります</u>。

［課金データエクスポートのイメージ］

Cloud請求先
アカウント

エクスポート

BigQuery

　課金データのエクスポートは任意のタイミングで有効化できますが、さかのぼっては反映されないため、Cloud 請求先アカウントを作成するタイミングに合わせて有効化することが推奨されます。

試験対策　課金データを BigQuery にエクスポートすることで、請求レポートよりも詳細な分析が可能になることを覚えておきましょう。

2-3　Google Cloudにおける監査ログ

Google Cloud では、監査ログとして「いつ、誰が、どこで、何をしたか」が記録されます。本節では、監査ログの種類や仕組み、監査証跡を維持するための機能について説明します。

1　監査ログの種類・仕組み

　監査ログは Cloud Audit Logs と呼ばれる仕組みによって、リソースの作成やデータの読み取りなどの操作がログとして記録されるようになっています。これにより、不正アクセスやデータ漏洩などの有無を調査できます。具体的には、次のような監査ログのデータが出力され、プロジェクト・フォルダ・組織ごとに保管されます。

[監査ログの種類]

種類	説明	デフォルト設定	設定変更	料金
管理アクティビティ監査ログ	リソース構成やメタデータの更新に関するログ	有効	不可	無料
データアクセス監査ログ	リソース構成やメタデータの読み取り、およびユーザーが実行した操作に関するログ。有効化しておくことが推奨されているが、データ量が膨大になる可能性があるため注意が必要	無効（BigQueryのみ有効）	可	有料
システムイベント監査ログ	Google Cloud 側で実行された操作に関するログ	有効	不可	無料
ポリシー拒否監査ログ	セキュリティポリシー違反によるログ。セキュリティポリシーは、VPC Service Controls というプロダクトによって定義されたルールによって決められる。保存対象のログはフィルタで制御可能	有効	不可	有料

参考

VPC Service Controls は、サービス境界と呼ばれる論理的な範囲を作成することで、「境界外からの不正アクセス」や「境界内からのデータ漏洩」を防ぐことができます。

● 監査ログの保存先・保持期間

　これらの監査ログは Cloud Logging によって管理され、ログバケットという場所で保管されます。監査ログの保管先ログバケットの種類と保存される監査ログ、デフォルトの保持期間、ログバケットの設定変更の可否は次の通りです。

[保管先ログバケットの種類]

種類	保存される監査ログ	デフォルトの保持期間	設定変更の可否
_Required	・管理アクティビティ監査ログ ・システムイベント監査ログ	400 日間	不可
_Default	・データアクセス監査ログ ・ポリシー拒否監査ログ	30 日間	可

　_Required というログバケットは設定を変更できないため、保存する監査ログの種類やデフォルトの保持期間を変更できません。一方、_Default というログバケットは設定を変更できるため、特定の監査ログを保存しないようにしたり、ログを保持する期間を 1 ～ 3,650 日の範囲で変更したりすることが可能です。

　監査ログの保持期間は、構築するシステムの要件に応じて変更します。ただし、デフォルトの期間よりも長くログを保持するよう構成した場合、管理するログのサイズが増えるので、その分の料金が加算されます。

　また、ログバケットは新規作成することもできます。このユーザー定義のログバケットに関しても、1 ～ 3,650 日の範囲でログを保持する期間を設定できます。

● 監査ログのシンク

　すべての監査ログにおいて、**シンク**と呼ばれる機能を用いることでログを他の保管場所へ転送できます。ログの転送先としては、「Cloud Storage」「BigQuery」「Pub/Sub」「ユーザー定義のログバケット」を指定できます。これにより、ログを長期間保持できるようになり、管理方法によってはログを保持するコストを抑えることも可能です。

　また、組織レベルで**集約シンク**と呼ばれる機能を利用することで、組織配下のプロジェクトにおける監査ログを1か所に集約し、ログ分析を行うことも可能です。

[集約シンクのイメージ]

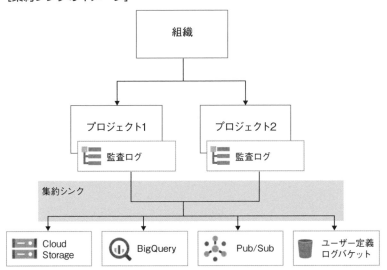

試験対策　シンクを用いてログを他の保管場所に転送することで、ログを長期間保持できるようになる点を覚えておきましょう。

2 監査ログのアクセス制御

　IAM で権限を管理することで、監査ログに対するアクセス制御を行うこともできます。

　監査ログに関連する事前定義ロールには、「**プライベートログ閲覧者**」があります。この事前定義ロールをプリンシパルに付与することで、_Default ログバケット内のデータアクセス監査ログを閲覧できます。

　また、先述の通り、監査ログは Cloud Logging というロギングサービスによって管理されるため、Cloud Logging に関連するロールや権限を用いることでより詳細なアクセス制御が可能です。

試験対策

「プライベートログ閲覧者」ロールを付与することで、_Default ロ
グバケット内のデータアクセス監査ログが閲覧できるようになる点
を覚えておきましょう。

演習問題

1. 個々のユーザーではなく、Google グループをプリンシパルとして選択し、ロールを付与した方がよい理由として適切なものはどれですか。

   A. 最も利用しやすいプリンシパルであるため

   B. 権限の借用が可能になるため

   C. アカウントをドメイン単位で一元管理できるようになるため

   D. アカウントやロールの増減に柔軟に対応できるため

2. プリンシパルが必要とする最小限の権限のみを持つように、柔軟にロールを割り当てる必要があります。どのロールを選択すればよいですか。

   A. 基本ロール

   B. 事前定義ロール

   C. カスタムロール

   D. プリミティブロール

3. あなたは組織の管理者です。開発チームのメンバーには、組織配下の全プロジェクトにおいて「編集者」ロールが付与されている必要があります。運用の負荷が少ない方法でこの要件を満たすにはどうすればよいですか。

   A. 各プロジェクトで「編集者」ロールを付与する

   B. 既存のプロジェクトをフォルダに格納し、フォルダレベルで「編集者」ロールを付与する

   C. 組織レベルで「編集者」ロールを付与する

   D. プロジェクトが作成されたことをトリガーとして、そのプロジェクトで「編集者」ロールを付与する Cloud Functions 関数を作成する

4 サービスアカウントについての説明として適切ではないものはどれ
ですか。

    A.   ユーザー自身ではなく、アプリケーションやシステムが使用する
アカウントである

    B.   管理の負荷を軽減させるために、複数のアプリケーションで1つ
のサービスアカウントを共有して使用するべきである

    C.   デフォルトのサービスアカウントには「編集者」ロールが自動的
に付与されるため、そのまま使用することは推奨されていない

    D.   他のプリンシパルからサービスアカウントの権限を借用できる

5 Active Directory から Cloud Identity へユーザーやグループの情報
を同期する際に使用するツールはどれですか。

    A.   Google Cloud Directory Sync

    B.   Active Directory フェデレーションサービス

    C.   Access Approval

    D.   Google Workspace

6 権限管理に関して、Google の提唱するベストプラクティスに反し
ているものはどれですか。

    A.   Google グループ単位で権限管理をする

    B.   基本ロールは含まれる権限が多いため、なるべく利用は控える

    C.   「Google Workspace」や「Cloud Identity」を用いてアカウント
を管理する

    D.   事前定義ロールを使用する際には、想定外の事象へ対処するため
に多くの権限が含まれているものを利用する

7　予期せぬ料金の発生を検知して、ユーザーに通知するためのツールはどれですか。

    A.　予算アラート

    B.　Pricing Calculator

    C.　Cloud Monitoring

    D.　BigQuery

8　BigQuery へ課金データをエクスポートする設定が推奨されている理由として適切ではないものはどれですか。

    A.　リソースの利用傾向を分析できる

    B.　今後の費用を予測できる

    C.　詳細な課金データを確認できる

    D.　過去にさかのぼって費用を確認できる

9　Google Cloud の料金をできる限り正確に見積もる際に使用するツールはどれですか。

    A.　予算アラート

    B.　課金データのエクスポート

    C.　Google Cloud Pricing Calculator

    D.　監査ログ

10　データアクセス監査ログを 90 日以上保持する必要があります。対応策として適切ではないものはどれですか。

    A.　ログバケット「_Default」の保持期間を 90 日以上に設定する

    B.　保管先のログバケットを「_Default」から「_Required」へ変更する

    C.　Cloud Storage へログをルーティングするシンクを作成する

    D.　ログの保持期間を 90 日以上に設定したユーザー定義のログバケットへログをルーティングするシンクを作成する

1 D

Google グループをプリンシパルとして選択すると、グループに対して一括でロールを付与可能です。また、グループにメンバーを追加・削除することでメンバーの増減に対応できるため、アカウント管理の柔軟性が向上します。
選択肢 A、B、C は次の理由により不正解です。

A. 最も利用しやすいプリンシパルは、「Google アカウント」です。
B. 権限の借用が可能になるのは、「サービスアカウント」です。
C. アカウントをドメイン単位で一元管理できるのは、「Google Workspace アカウント / Cloud Identity ドメイン」です。

2 C

カスタムロールは必要な権限のみを選択してロールを作成できるため、「ロールに含まれる権限を最小限にする」「柔軟に権限を付与する」という要件を満たすのはカスタムロールです。ただし、カスタムロールはロールの管理コストが高くなるため、場合によっては事前定義ロールなどが適切となることもある点に注意が必要です。

3 C

組織配下のプロジェクト全体で対象のプリンシパルに同じロールを付与したい場合には、組織レベルでロールを付与するのが最も運用負荷の少ない方法です。
選択肢 A、B、D は次の理由により不正解です。

A. 新しいプロジェクトが作成されるたびにロールを付与する必要があるため、運用負荷が高くなります。
B. 組織レベルでポリシーを定義すれば、配下のプロジェクトに継承されるため、フォルダに格納する必要はありません。
D. 関数を作成する手間がかかることに加えて、既存のプロジェクトに対してロールを付与できません。

4　B

　　サービスアカウントは単一の目的で作成することが推奨されているた
め、選択肢 B は適切な説明ではありません。

5　A

Active Directory から Cloud Identity へユーザーやグループの情報を同
期するには「Google Cloud Directory Sync」を使用します。
選択肢 B、C、D は次の理由により不正解です。

B.　「Active Directory フェデレーションサービス」は、Active
Directory を使用した連携認証を可能にするツールです。
C.　「Access Approval」は、Google のサポートチームがユーザー環
境へアクセスするための仕組みです。
D.　「Google Workspace」は、Cloud Identity と同様にアカウントを
一元的に管理するためのクラウドサービスです。

6　D

　　「最小権限の原則」に沿ってロールを選択することが推奨されている
ため、選択肢 D は Google の提唱するベストプラクティスに反しています。

7　A

　　「予算アラート」を使用することで、請求先アカウントに対して予算
を作成し、その予算に対しての到達率に応じたアラートを設定できます。

8　D

　　エクスポート設定を有効化する前に生成されていた課金データに関し
てはさかのぼって反映されないため、Cloud 請求先アカウント作成時に
合わせて有効化することが推奨されています。

9　C

　　Google Cloud の料金をできる限り正確に見積もる際に使用するのは
「Google Cloud Pricing Calculator」です。

　_Required というログバケットへ保管するログはユーザー側で定義で
きないため、選択肢 B は不適切です。

　データアクセス監査ログは、デフォルトでは _Default というログバ
ケットに保管されるため、ログを 30 日間保持できます。しかし、今回
の要件では、90 日間ログを保持しなければならないため、ログの保持
期間を延長する必要があります。選択肢 A、C、D はログの保持期間を
延長する対応策として適切です。

第3章

コンピューティング

3-1　コンピューティング

コンピューティング

Google Cloud では、コンピューティングリソースを提供するプロダクトが複数用意されています。そして、それぞれのプロダクトには、用途、設計の柔軟性、運用の手軽さといった点に違いがあります。本節では、コンピューティングプロダクトが持つ機能や特徴について説明します。

1 前提知識

● コンピューティングプロダクトの種類

コンピューティングの各プロダクトについて説明する前に、プロダクトの種類について説明します。コンピューティングのプロダクトは「仮想マシン」「コンテナ」「サーバーレス」の3種類に分けられます。

● 仮想マシン

仮想マシンとは、仮想化技術によって物理的なコンピュータ（ハードウェア）上に作られた仮想的なコンピュータのことです。仮想マシンは、ハードウェアに実装されたハイパーバイザーと呼ばれるソフトウェア上で稼働します。1つのハードウェアに複数の仮想マシンを作成できること、個々の仮想マシンの性能（vCPU やメモリなど）や OS を自由に設定できることなどが仮想マシンの強みです。Google Cloud の仮想マシンのプロダクトとして、「Compute Engine」があります。

 vCPU（仮想 CPU）とは、ハードウェア上の物理的な CPU を仮想的に分割し、仮想マシンの CPU として構成したものです。

[仮想マシンのイメージ]

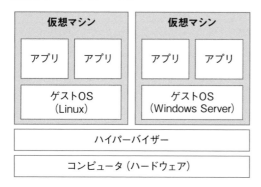

●コンテナ

　コンテナとは、コンピュータ上でアプリケーションの実行環境を隔離する仮想化技術のことです。仮想マシンは OS レベルから環境を構築するのに対し、コンテナはアプリケーションとアプリケーションの実行に必要なミドルウェアなどをパッケージ化します。コンテナはハードウェアの OS（ホスト OS）に構築されたコンテナ実行環境で実行されます。

　コンテナは仮想マシンと比較して、実行環境の構築、運用、移行などが容易である点が強みです。Google Cloud のコンテナのプロダクトとして、「Google Kubernetes Engine」や「Cloud Run」があります。

[コンテナのイメージ]

●サーバーレス

　サーバーレスとは、サーバーの構築や管理の必要がない、アプリケーションの実行環境を提供する仕組みのことです。サーバーの構築や管理が不要のため、アプリケーションの開発に専念できる点が強みです。Google Cloud のサーバーレスのプロダクトとして、「App Engine」や「Cloud Functions」があります。また、コンテナのプロダクトとして挙げた Cloud Run は、サーバーレスのプロダクトとしても扱われます。

● フルマネージドサービス

　Google Cloud のプロダクトの多くは、サーバーの構築、ハードウェアの管理、障害対応などをユーザーが行う必要はなく、Google Cloud が行います。プロダクトの実行基盤の管理を Google Cloud が行うプロダクトを**フルマネージドサービス**と呼びます。

[フルマネージドサービスのイメージ]

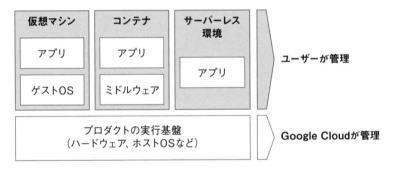

2　Compute Engine

　「Compute Engine」は仮想マシンをコンピューティングリソースとして提供するプロダクトです。仮想マシンはハイパーバイザー上で稼働し、ハイパーバイザーやハードウェアは Google Cloud によって管理されます。個々の仮想マシンは**インスタンス（VM インスタンス）**と呼ばれます。Compute Engine の料金体系は、インスタンスの起動時間やインスタンスに設定した vCPU・メモリなどに応じて課金される従量課金となっています。

　Compute Engine は仮想マシンを提供するプロダクトのため、幅広いシーン
で活用できます。主に次のようなユースケースが挙げられます。

- ・オンプレミス環境で実行しているアプリケーションをGoogle Cloudに移行
　する
- ・サードパーティ製を含む任意のアプリケーションを実行する
- ・Windowsベースのアプリケーションを実行する

● 主な機能や特徴

Compute Engine には、次のような特徴があります。

●マシンタイプ

　インスタンスの vCPU やメモリは自由に設定することができます。設定する
際、**マシンタイプ**と呼ばれる、vCPU とメモリサイズの組み合わせを選択します。
マシンタイプには、事前に組み合わせが定義された**事前定義のマシンタイプ**と、
ユーザーが自由に vCPU とメモリサイズを選べる**カスタムマシンタイプ**の2種
類があります。

　事前定義のマシンタイプはインスタンスの用途でグループ化されており、そ
れぞれのグループは**マシンファミリー**と呼ばれます。マシンファミリーは、「**汎
用**」「**コンピューティング最適化**」「**メモリ最適化**」「**アクセラレータ最適化**」の
4種類があります。

[マシンファミリーの種類]

マシンファミリー	説明
汎用	コストパフォーマンスのバランスがよく、Web ア プリケーションやデータベースなど幅広い用途に使 用する
コンピューティング最適化	負荷が高く、高速な演算処理が必要な場合に使用す る
メモリ最適化	大容量データを処理する場合に使用する
アクセラレータ最適化	機械学習など、GPU が必要な場合に使用する

　事前定義されたマシンタイプの中に、用途に適した vCPU とメモリの組み合
わせがない場合はカスタムマシンタイプを選択し、自由に vCPU やメモリサイ
ズを設定します。

それぞれのマシンファミリーに分類されたマシンタイプの詳細については、次の URL から確認できます。
https://cloud.google.com/compute/docs/machine-resource?hl=ja

●ストレージの種類

　インスタンスに接続できるストレージは、主に「ゾーン永続ディスク」「リージョン永続ディスク」「ローカル SSD」「Cloud Storage バケット」の 4 種類があります。

　ゾーン永続ディスクやリージョン永続ディスクでは、インスタンスが停止・削除されてもストレージ内のデータは保持されますが、ローカル SSD ではストレージ内のデータは失われます。冗長性や性能などを考慮してストレージの種類を選択します。

[ストレージの種類]

ストレージ	冗長性	書き込み・読み取り性能	ハードウェアの選択肢	ユースケース
ゾーン永続ディスク	単一ゾーンにデータを保存する	中	HDD、SSD	可用性と性能の両方が必要な場合
リージョン永続ディスク	リージョン内の 2 つのゾーンにデータを保存する	やや低	HDD、SSD	性能よりも冗長性を重視する場合
ローカルSSD	冗長性なし。インスタンスが停止するとデータが削除される	高	SSD	高い性能が必要で、一時的なストレージとして使用する場合
CloudStorageバケット	複数のゾーン・リージョンに保存する	低	-	高い性能が必要ではなく、複数のインスタンスやゾーン・リージョン間でデータを共有する場合

　インスタンスの作成時、ブートディスクと呼ばれる、OS が保存されたストレージがデフォルトで 1 つ用意されます。ブートディスクにはゾーン永続ディスク

のみ使用できます。また、ブートディスク以外にもストレージを追加すること
ができ、追加ストレージは**ストレージオプション**とも呼ばれます。ストレージ
オプションは前述の 4 種類のストレージから選択できます。

各ストレージの冗長性や性能、適したユースケースを覚えておきま
しょう。

　さらに、永続ディスクやローカル SSD はストレージ容量を好みの値に設定で
きます。ただし、一度割り当てられた永続ディスクの容量を減らすことはでき
ないため注意が必要です。ディスクの容量を減らすことができる唯一の方法は、
新しいディスクを作成し、必要なデータを移行することです。
　一方、永続ディスクの容量を増やすことは可能です。ディスクの容量を増やす
と、新しいストレージ容量が追加されます。ただし、ディスクの容量を増やすと、
それに比例してストレージの使用料金も増えることに注意してください。

永続ディスクの容量は増やすことはできますが、減らすことはでき
ないことを押さえておきましょう。

●永続ディスクの作成方法
　永続ディスクは基本的に**イメージ**を用いて作成します。イメージとは、OS や
ライブラリ、任意のアプリケーションなど、インスタンスの起動や永続ディス
クの作成に必要なものが含まれているデータのことです。イメージには「**公開
イメージ**」と「**カスタムイメージ**」があります。
　公開イメージは Google Cloud が管理しているイメージで、Linux ディストリ
ビューション（Debian や Ubuntu など）や Windows Server といった OS を含め
たイメージが用意されており、主にブートディスクを作成する際に使用します。
　カスタムイメージはユーザーが作成・管理するイメージで、既存の永続ディ
スクや、スナップショット（永続ディスクのバックアップ）などから作成します。
任意のアプリケーションやライブラリなどをカスタムイメージに含めることが
できるため、カスタムイメージは、事前構成された新しいインスタンスを作成
する際や、既存のインスタンスを複製する際に使用します。

第
3
章

コンピューティング

また、イメージを使用せずに「空のディスク」として永続ディスクを作成することも可能です。

[永続ディスクの作成方法]

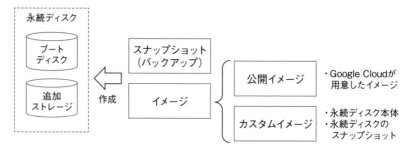

●バックアップ

Compute Engine には主に、「**スナップショット**」と「**マシンイメージ**」の2種類のバックアップ方法が用意されています。

・スナップショット

永続ディスクから取得したバックアップを**スナップショット**と呼びます。初回のスナップショットはフルバックアップで、それ以降は増分バックアップとなります。永続ディスクであれば、ブートディスクでも追加ストレージでもスナップショットを取得できます。また、自動で定期的なスナップショットを取得することも可能です。

[スナップショット]

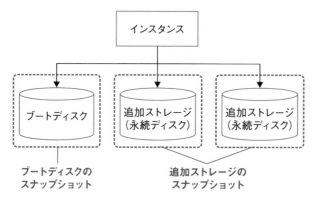

・マシンイメージ

マシンイメージは、ストレージを含むインスタンス全体から、ストレージ内のデータ、マシンタイプやサービスアカウントといったインスタンスのメタデータなどのあらゆる情報のバックアップを取得します。マシンイメージを使用すると、既存のインスタンスと全く同じ構成・データを持つインスタンスを作成することができます。

[マシンイメージ]

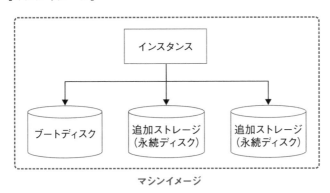

マシンイメージ

試験対策　バックアップの各手法の特徴について押さえておきましょう。

●**インスタンスに設定するサービスアカウント**

インスタンスが他の Google Cloud のリソースにアクセスする場合、インスタンスに設定されたサービスアカウントの権限が適用されます。

デフォルトで「Compute Engine default service account」という「デフォルトのサービスアカウント」が適用されますが、このサービスアカウントには過剰な権限を持つ「編集者」ロールが付与されており、そのまま使用することは推奨されていません。最小権限の原則に基づき、適切なロールのみが付与されたサービスアカウントを使用することが推奨されます。

●インスタンスへのリモート接続

インスタンスを直接操作する場合、インスタンスへのリモート接続が必要です。Linux OS のインスタンスには SSH を使用して接続し、Windows OS のインスタンスには RDP（リモートデスクトッププロトコル）などを使用して接続します。

また、Linux OS のインスタンスの場合、**OS Login** と呼ばれる、IAM を利用した SSH 接続の管理機能が使用でき、SSH 接続の管理の簡素化、セキュリティの向上が期待できます。基本的には OS Login を使用した SSH 接続が推奨されています。

さらに、インスタンスの起動やネットワークなどに問題が発生し、インスタンスにリモート接続できない場合、**シリアルコンソール**でインスタンスに接続し、トラブルシューティングを行うことも可能です。

●Spot VM（プリエンプティブル VM）

Spot VM（プリエンプティブル VM）とは、通常のインスタンスよりも低価格なインスタンスのことです。Spot VM を使用することで大幅な費用削減が期待できます。ただし、低価格である一方で、Google Cloud 側の都合でインスタンスがシャットダウンされる可能性があります。また、SLA（サービスレベル契約）が適用されないなど様々な制約があり、このような制約を許容できる場合のみ Spot VM の使用が推奨されます。

また、Spot VM は Compute Engine だけではなく、後述する Google Kubernetes Engine や Dataproc などでも利用可能です。これらのプロダクトは、実行環境として Compute Engine インスタンスを利用しているため、Spot VM を使ってプロダクトの運用コストを抑えることができます。

SLA（サービスレベル契約）とは、サービス提供者がサービスについてどの程度の品質を保証するかを示したものです。SLAはプロダクトや機能ごとに設定されていますが、プロダクトや機能によってはSLAが適用されない、つまりGoogle Cloudが品質を保証していない場合もあります。

Spot VMはプリエンプティブルVMの後継サービスであり、主にシャットダウンの条件に違いがあります。プリエンプティブルVMは本書執筆時点（2023年5月）でも使用可能であり、「試験ガイド」で言及されているため、本書でもプリエンプティブルVMについて言及しました。Spot VMとプリエンプティブルVMのどちらも、「様々な制約がある」「料金が安い」という2点の特徴を押さえていれば問題ありません。

●マネージドインスタンスグループ

マネージドインスタンスグループ（以下、MIG）とは、複数のインスタンスをまとめて管理する仕組みです。MIGでアプリケーションを稼働させることで、アプリケーションの可用性やスケーリング性能などを強化することができます。

MIGは同じ構成のインスタンスをグループ化します。同一構成のインスタンスを作成する際、**インスタンステンプレート**と呼ばれるインスタンスの雛形を使用します。インスタンステンプレートには、マシンタイプ、ブートディスクに使用するイメージなど、インスタンスの構成を定義します。インスタンステンプレートは、MIGだけでなく単一のインスタンスを作成する際にも使用できます。

MIGは主に次のような機能があります。

[MIGの主な機能]

機能	説明
自動修復	インスタンスが突然シャットダウンするなど、インスタンスが使用できなくなった場合、自動的にインスタンスを再作成することができる
負荷分散	Cloud Load Balancingなどの負荷分散を行うプロダクトを組み合わせることで、MIG全体で負荷分散を行うことができる
アプリケーションのヘルスチェック	各インスタンスで実行されているアプリケーションが正常に稼働しているかを自動的にチェックできる

自動スケーリング	各インスタンスの負荷に応じて、MIG のインスタンスを自動的に追加することができる
ローリングアップデート	新しいバージョンのアプリケーションをデプロイする際、各インスタンスに対して順番にアップデートすることで、アプリケーション全体を停止せずにアップデートすることができる

[MIG のイメージ]

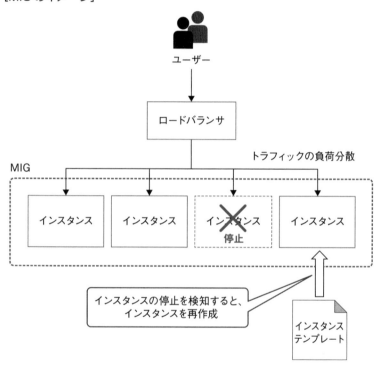

　MIG では、インスタンスを配置する方法によって可用性が異なります。インスタンスを単一のゾーンに配置した MIG を**ゾーン MIG**、インスタンスを複数のゾーンに配置した MIG を**リージョン MIG** といいます。リージョン MIG は複数のゾーンにまたがって配置されるため、ゾーン MIG より高い可用性を確保できます。

[ゾーン MIG とリージョン MIG]

ゾーンMIG

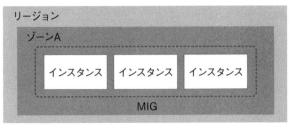

リージョンMIG

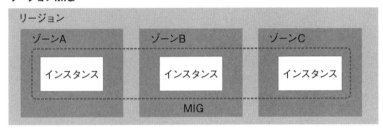

　また、通常、MIG では**ステートレスアプリケーション**を実行します。ステートレスアプリケーションとは、処理の状態（ステート）を保存せず、前の処理の状態を考慮せずに処理を行うアプリケーションのことです。例えば、いつアクセスしても同じページが表示される Web サイトは、ステートレスアプリケーションであるといえます。

　一方、MIG で**ステートフルアプリケーション**を実行する場合は、**ステートフル MIG** を使用します。まず、ステートフルアプリケーションとは、処理の状態を保存し、状態に応じた処理を行うアプリケーションのことです。ステートフルアプリケーションの例として、「MySQL」「PostgreSQL」といったデータベースが挙げられます。ステートフル MIG の個々のインスタンスには永続ディスクが接続され、処理で生じたデータやインスタンス固有のメタデータなどが保存されます。

　MIG では、インスタンスの負荷に応じてスケーリングが行われたり、インスタンスの構成の変更に応じてローリングアップデートが行われたりと、自動的な各種動作が行われます。このような MIG の動作を制御するために様々なパラメータが用意されています。ここでは代表的なパラメータを紹介します。

[MIG の動作を制御する主なパラメータ]

パラメータ	制御対象の動作	説明
インスタンスの最大数	自動スケーリング	自動スケーリングにおけるインスタンス数の上限
インスタンスの最小数	自動スケーリング	自動スケーリングにおけるインスタンス数の下限
目標使用率の指標	自動スケーリング	自動スケーリングの基準となる指標と基準値（例：平均 CPU 使用率 60%）
クールダウン期間	自動スケーリング	アプリケーションの初期化完了を待つ時間。初期化にかかる目安の時間を指定することで、初期化中のインスタンスの正確な使用状況を反映でき、適切な自動スケーリングを行うことができる（例：60 秒）
最大サージ	ローリングアップデート	ローリングアップデート中にインスタンスの最大数を超えて作成できるインスタンスの数。大きい値を設定するとアップデートの速度が上がるが、料金も高くなる
オフライン上限	ローリングアップデート	ローリングアップデート中に利用できなくなるインスタンスの上限数。大きい値を設定するとアップデートの速度が上がるが、アプリケーションの可用性は低くなる

試験対策　MIG を使用することでアプリケーションの可用性やスケーリング性能などを強化できることを覚えておきましょう。

●非マネージドインスタンスグループ

　非マネージドインスタンスグループとは、インスタンスごとに詳細な設定や管理が必要なインスタンスのグループのことです。MIG とは異なり、自動修復や自動スケーリングなどの機能はありません。個々に設定したインスタンスをグループ化し、ロードバランサによって負荷分散を行いたい場合に非マネージドインスタンスグループを使用します。

　MIG では複数のゾーンにまたがってインスタンスを配置できますが、非マネージドインスタンスグループは単一のゾーンにのみ配置できます。グループ化するインスタンスの構成が同じであれば、非マネージドインスタンスグループで

はなく MIG が推奨されます。

●単一テナントノード

単一テナントノードとは、1つのハードウェアを専有してインスタンスを作成する仕組みのことです。通常、インスタンスは1つの物理的なハードウェア上に複数のインスタンスが仮想的に作成されます。そのため、1つのハードウェアを複数のユーザーのインスタンスで共有することになります。このハードウェアを共有する仕様がセキュリティやコンプライアンスの要件を満たさない場合、単一テナントノードを使用することで要件を満たすことができます。

●インスタンスの作成方法

ここまで、Compute Engine の様々な機能や特徴について紹介しました。最後に、インスタンスの作成方法について説明します。

まず、インスタンスを作成する際にベースとなるものは、公開イメージ、カスタムイメージ、スナップショット、マシンイメージ、インスタンステンプレートの5種類があります。これら5種類の違いは次の通りです。

[インスタンスの作成のベースとなるもの]

種類	含まれるデータ	作成方法	誰が管理するか
公開イメージ	OS やパッケージ	ユーザーは作成できない	Google Cloud
カスタムイメージ	既存の永続ディスクの複製データ	・既存の永続ディスクから作成する ・永続ディスクのスナップショットから作成する	ユーザー
スナップショット	永続ディスクの増分形式のバックアップデータ	既存の永続ディスクから作成する	ユーザー
マシンイメージ	インスタンス全体のデータ	既存のインスタンスから作成する	ユーザー
インスタンステンプレート	インスタンスを作成するための構成情報	・ゼロから新規テンプレートを作成する ・既存のインスタンスやテンプレートから作成する	ユーザー

第3章 コンピューティング

これら5種類を使用したインスタンスの作成方法は、次の通りです。

【ブートディスクを作成してインスタンスを作成する】

・公開イメージを使用する

　公開イメージを使用してブートディスクを作成する形でインスタンスを作成する方法です。新たにインスタンスを作成する場合によく選択するパターンです。

・カスタムイメージを使用する

　カスタムイメージからブートディスクを作成する形でインスタンスを作成する方法です。インスタンスを複製する場合によく選択するパターンです。

【バックアップからインスタンスを作成する】

・ブートディスクのスナップショットを使用する

　ブートディスクのスナップショットからブートディスクを作成する形でインスタンスを作成する手法です。インスタンスを複製する場合や復元する場合によく選択するパターンです。

・マシンイメージを使用する

　マシンイメージからインスタンスやブートディスク、永続ディスクを作成する方法です。インスタンスを丸ごと複製する場合や復元する場合によく選択するパターンです。

【テンプレートからインスタンスを作成する】

・インスタンステンプレートを使用する

　インスタンステンプレートからインスタンスを作成する方法です。インスタンステンプレートには使用する vCPU やメモリサイズ、イメージなどが設定されており、テンプレートに従ってインスタンスが作成されます。新たにインスタンスを作成する場合や MIG を作成する場合によく選択するパターンです。

試験対策　様々な方法でインスタンスを作成することができます。5種類の作成方法を覚えておきましょう。

3　Google Kubernetes Engine

「Google Kubernetes Engine」(以下、GKE) とは、コンテナ化されたアプリケーションを実行、管理、スケーリングできるプロダクトであり、Kubernetes の実行環境です。Kubernetes とは、Google がオープンソースとして公開したコンテナのオーケストレーションツールであり、コンテナの複雑な運用管理やスケーリングなどを自動化できるツールです。Google が持つインフラストラクチャにより、Google Cloud 上で Kubernetes をより便利に扱えるようにしたのが GKE です。

GKE は、自動スケーリング、高可用性、負荷分散などに強みを持ち、コンテナ化された大規模なアプリケーションの実行に向いています。主に次のようなユースケースが挙げられます。

・ マイクロサービスの運用管理を行う
・ 大規模なデータセットを使用した機械学習の実行基盤として使用する

マイクロサービスとは、システムの各機能を分割し、それぞれを独立したサービスとして開発・運用する手法です。サービス間を疎結合にすることで各サービスを柔軟に設計できるメリットがあります。一方で、複雑性が上がるため、設計や開発の難易度が高くなる可能性があります。

● Kubernetes の構造・機能

GKE は Kubernetes の実行環境であるため、GKE の説明の前に Kubernetes の構造や機能について説明します。

● クラスタ

クラスタとは、コンテナ化されたアプリケーションを実行するマシンの集合のことです。クラスタは GKE における最も大きな単位であり、「ノード」と「コントロールプレーン」で構成されます。

ノードとはコンテナを実行するマシンのことで、GKE では Compute Engine インスタンスが使用されます。多くの場合、クラスタには複数のノードが起動します。一方で、コントロールプレーンはクラスタ全体を制御する役割を持ちます。

ユーザーがクラスタを操作する場合、コントロールプレーンを介して操作が行われます。

　また、クラスタでは「オブジェクト」と呼ばれるリソース単位でクラスタを管理します。コントロールプレーンやノードもオブジェクトの1つであり、他にも様々なオブジェクトが存在します。

［クラスタのイメージ］

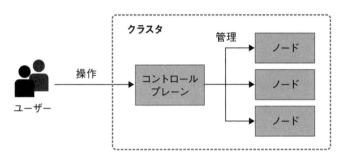

●ノード、ポッド

　ノードではアプリケーションが格納されたコンテナが実行されますが、コンテナが直接ノードで実行されるわけではなく、ポッド（Pod）という単位でコンテナを実行・管理します。ポッドにはIPアドレスやストレージなどが割り当てられ、1つのポッドにつき、1つまたは複数のコンテナが実行されます。

［ノードとポッドのイメージ］

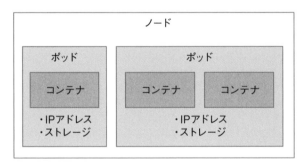

82

●コントロールプレーン

　コントロールプレーンは、ノードやポッドの管理など、クラスタ全体の制御を行います。例えば、クラスタに対する操作を内外から受け付ける窓口としての機能、ポッドをどのノードで実行するかの決定、ノードが正常に起動しているかの監視など、コントロールプレーンの役割は多岐にわたります。なお、GKEでは、GKEがコントロールプレーンを管理するため、ユーザーがコントロールプレーンそのものを管理する必要はありません。

●ReplicaSet

　ノードがシャットダウンするなど、様々な理由でポッドが使用できなくなる場合があります。Kubernetesにはあらかじめ設定したポッド数を維持する自動修復機能があり、この機能を使用するには、ReplicaSetというオブジェクトを使用します。正常に稼働しているポッド数が減少すると、ReplicaSetは自動的に新たなポッドを作成します。ReplicaSetには、維持するポッドの数やポッドのテンプレートなどを設定します。

●Deployment

　Deploymentと呼ばれるオブジェクトはReplicaSetを管理し、ポッドの**ローリングアップデート**やロールバックを行います。ローリングアップデートとは、システムを停止せずに徐々に更新を行う手法のことです。Deploymentでポッドの更新を行う場合、新しいReplicaSetを作成し、ポッドの数を維持しながらポッドが徐々に入れ替えられます。

[Deploymentによるローリングアップデートのイメージ]

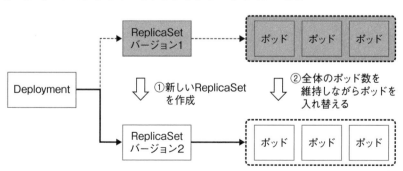

●Service

障害など何かしらの理由によりポッドが再作成された場合、ポッドに割り振られた IP アドレスは変更されます。ポッドの IP アドレスが変更されてもポッドとの通信が続けられるように、ポッドに対するクラスタ内外からの通信を受け取り、各ポッドに振り分けるのが Service と呼ばれるオブジェクトです。複数の種類の Service が用意されており、アプリケーションの用途などに合わせて種類を選択することになります。

[Service のイメージ]

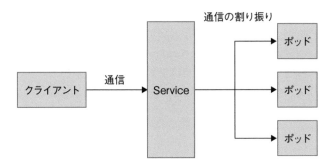

●StatefulSet

Kubernetes でステートレスアプリケーションを実行する場合は Deployment や ReplicaSet を使用します。一方で、Kubernetes でステートフルアプリケーションを実行する場合、StatefulSet というオブジェクトを使用します。

StatefulSet は、各ポッドに永続的な識別子（ID）を割り振り、状態を保存するためのストレージである**永続ボリューム**を識別子ごとに割り当てます。もしポッドが使用不可になったとしても、同じ識別子を持つポッドが作成され、同じ永続ボリュームを使用することができます。

[StatefulSetのイメージ]

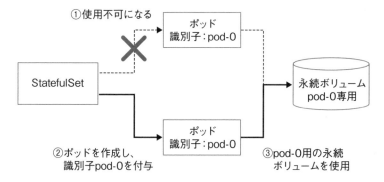

●Kubernetes のオブジェクト

　前述の通り、ポッドや Deployment、Service などはそれぞれオブジェクトと
呼ばれます。クラスタでアプリケーションを実行する際、必要なオブジェクト
をクラスタ上に作成します。オブジェクトは、マニフェストと呼ばれる設定ファ
イルをコントロールプレーンに渡すことで、コントロールプレーンによって作
成されます。マニフェストは YAML 形式や JSON 形式で記述します。

[オブジェクトの関係性の例]

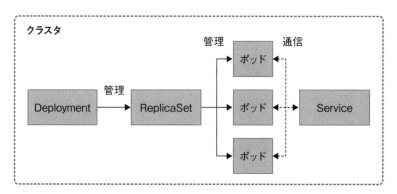

　Kubernetes の構造や各オブジェクトの役割について覚えておきま
しょう。

試験対策

● GKE の主な機能や特徴

ここからは、GKE 特有の機能や特徴について説明します。

●運用モード

GKE で Kubernetes クラスタを実行する場合、クラスタの運用モードを「Autopilot モード」と「Standard モード」の2つから選択する必要があります。2つの運用モードには、主に次のような違いがあります。

[Autopilot モードと Standard モードの違い]

項目	Autopilot モード	Standard モード
コントロール プレーンの管理	GKE が管理	GKE が管理
ノードの管理	GKE が管理	ユーザーが管理
自動スケーリング	GKE がスケーリングを構成	ユーザーがスケーリングを構成
料金	・vCPU、メモリ、ストレージに応じた料金 ・ポッドごとに課金	・vCPU、メモリ、ストレージに応じた料金 ・ノードごとに課金
メリット	クラスタの運用は GKE に任せて、アプリケーションの構築に専念できる	クラスタを柔軟に設計・運用できる
デメリット	Standard モードと比較して、いくつか制約がある	運用が複雑

Autopilot モードでは、GKE のベストプラクティスに基づいたクラスタの運用が自動的に行われるため、Autopilot モードによる運用が推奨されています。一方で、Autopilot モードの制約により、Autopilot モードではアプリケーションの要件を満たせない場合は、Standard モードを選択することになります。

試験対策 Autopilot モードを使用すると、GKE クラスタの運用コストを下げられることを覚えておきましょう。

86

●可用性タイプ

クラスタを実行するリージョンを選択する際、そのリージョン内でクラスタを
どのように配置するかも選択する必要があります。クラスタの配置方法として、
「**シングルゾーンクラスタ**」「**マルチゾーンクラスタ**」「**リージョンクラスタ**」の
3種類があります。種類ごとに、主に可用性、料金、使用できる運用モードに違
いがあります。

[クラスタの可用性タイプ]

種類	コントロール プレーン	ノード	可用性	料金	使用できる 運用モード
シングルゾーン クラスタ	1つのゾーン に配置	1つのゾーン に配置	低	低	Standard
マルチゾーン クラスタ	1つのゾーン に配置	複数ゾーン に配置	中	中	Standard
リージョン クラスタ	複数ゾーンに 配置	複数ゾーン に配置	高	高	Autopilot、 Standard

Standardモードを選択する場合、どの種類のクラスタも選択可能ですが、
Autopilotモードの場合、リージョンクラスタのみ選択可能です。本番環境でク
ラスタを運用する場合、可用性が最も高いリージョンクラスタを選択すること
が推奨されています。

試験対策　クラスタの種類と可用性、料金、使用できる運用モードの関係を押
さえておきましょう。

●自動スケーリング

ノードのCPU使用率など、クラスタやアプリケーションの負荷に応じて自動
的なスケーリングを行うことができます。主に「**水平ポッド自動スケーリング
(HPA)**」「**垂直ポッド自動スケーリング(VPA)**」「**クラスタオートスケーラー(CA)**」
「**ノード自動プロビジョニング(NAP)**」の4種類の自動スケーリングがあります。

[自動スケーリングの種類]

種類	スケーリングの対象	スケーリングの種類	説明	ユースケース
水平ポッド自動スケーリング（HPA）	ポッド	水平	ポッドの数を増減する機能	Webアプリケーション
垂直ポッド自動スケーリング（VPA）	ポッド	垂直	ポッドに割り当てるvCPUやメモリの推奨値を算出し、自動的にポッドのスペックを更新する機能	データベース
クラスタオートスケーラー（CA）	ノード	水平	ノードプールのノード数を増減する機能	HPAと併用し、HPAを強化
ノード自動プロビジョニング（NAP）	ノード	垂直	vCPUなどのリソースの需要に応じてノードプールの作成・削除を行う機能	VPAと併用し、VPAを強化

　HPAはWebアプリケーションなど、複数のポッドに対して処理を分散できるアプリケーションを実行する際に使用します。VPAはデータベースなど、水平スケーリングではデータの整合性を取るのが難しいアプリケーションを実行する際に使用します。

　HPAとVPAはポッドを水平・垂直スケーリングしますが、ノードはスケーリングされないため、ポッドに割り当てるvCPUやメモリが不足していると、新たなポッドを配置できない可能性があります。そのような場合、ノードのスケーリングを行うCAやNAPを併用します。

　CAとNAPは**ノードプール**ごとに適用します。ノードプールとは、同じ構成のノードをグループ化したものです。CAは特定のノードプールに属するノードの追加・削除を行い、HPAと併用します。一方、NAPはノードプールのスペックを更新してノードプールの追加・削除を行い、VPAと併用します。VPAが既存ノードでは対応できないスペックのポッドを作成しようとしたとしても、NAPでノードのスペックを更新すれば対応可能になります。なお、NAPを有効にすると、自動的にCAも有効化されます。

試験対策　自動スケーリングの種類とユースケースを覚えておきましょう。

●限定公開クラスタ

　限定公開クラスタとは、インターネットから隔離されたクラスタのことです。通常のクラスタの場合、ノードに外部 IP アドレスが付与されますが、<u>限定公開クラスタの場合、外部 IP アドレスは付与されません</u>。そのため、インターネットから限定公開クラスタのノードへのアクセスが遮断され、アプリケーションのセキュリティを向上させることができます。限定公開クラスタは、Standard モードと Autopilot モードのどちらでも構成できます。

　限定公開クラスタを構成するとクラスタをインターネットから隔離し、セキュリティを強化できることを覚えておきましょう。

●Workload Identity

　GKE クラスタのサービスアカウントを管理する機能として、**Workload Identity** と呼ばれる機能があります。この機能は、Kubernetes 内部のサービスアカウントと Google Cloud のサービスアカウントを紐づけ、ポッドごとにサービスアカウントを設定することができる機能です。

　Workload Identity を使わない場合と比較して、次のようなメリットがあります。

・ポッドで実行するアプリケーションにサービスアカウントキーを埋め込む必要がなくなり、セキュリティが向上する
・ノードごとではなく、ポッドごとにサービスアカウントを設定できるため、最小権限の原則に沿った権限付与ができる

●クラスタでアプリケーションを実行する手順

　GKE のクラスタでアプリケーションを実行する場合、次の手順で行います。

① GKE クラスタを作成する

　まずは GKE でクラスタを作成します。クラスタを作成する際、主に次の項目について考慮する必要があります。

89

- 運用モード：Autopilot、Standard
- 可用性タイプ：シングルゾーンクラスタ、マルチゾーンクラスタ、リージョンクラスタ
- 限定公開クラスタ：限定公開クラスタにするかどうか
- ノードのスペック：ノードとして使用するCompute EngineインスタンスのvCPUやメモリなどのスペック

［クラスタを作成する］

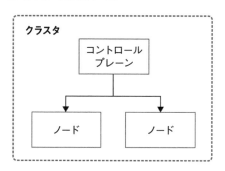

② アプリケーションのコンテナイメージを作成する

次に、クラスタで実行するアプリケーションの Docker コンテナイメージを作成します。コンテナイメージは、「**Artifact Registry**」など、適切な場所に保存しておきます。Artifact Registry とは、コンテナイメージやプログラミング言語のパッケージを保管・管理できる Google Cloud のプロダクトのことです。

［コンテナイメージを作成する］

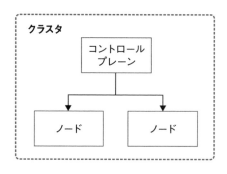

コンテナイメージを作成する

③ マニフェストを作成する

ポッドや Deployment などの Kubernetes のオブジェクトを作成するためにマニフェストを作成します。マニフェストには主に次の内容を記述します。

・ オブジェクトの種類（ポッド、Deployment、StatefulSetなどを指定する）
・ コンテナイメージが保存されている場所
・ オブジェクトごとに必要な各種メタデータ

[マニフェストを作成する]

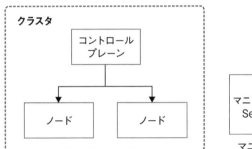
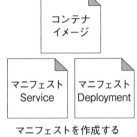

マニフェストを作成する

④ クラスタにマニフェストを適用する

作成したマニフェストをクラスタに適用すると、オブジェクトが作成され、アプリケーションが稼働を始めます。

[クラスタにマニフェストを適用する]

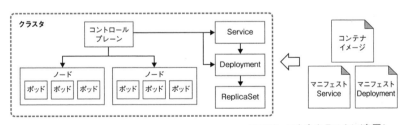

マニフェストをクラスタに適用し、
アプリケーションを稼働させる

91

「**Cloud Run**」は、コンテナをサーバーレス環境で実行できるフルマネージドのプロダクトです。同じコンテナの実行環境である GKE と比較して、Cloud Run はコンテナを動かすためのサーバーの作成や管理、スケーリング等について考慮する必要がほとんどありません。コンテナの柔軟性、サーバーレス、自動スケーリングといった点から、Cloud Run は幅広いシーンで活用できます。

Cloud Run でアプリケーションをデプロイする際、アプリケーションコードを含めたコンテナイメージを用意します。ただし、特定のプログラミング言語を使用したアプリケーションの場合は、必ずしもコンテナイメージを用意する必要はなく、アプリケーションコードのみでデプロイすることも可能です。

Cloud Run は、HTTP(S) リクエストや Google Cloud 内のイベント等をトリガーとしてコンテナを呼び出します。料金は、コンテナが処理をしている時間に応じて課金されます。処理が行われていない間は、料金は発生しないため、低コストで運用できます（Cloud Run の構成方法によっては、処理をしていない状態でも料金が発生することがあります）。

Cloud Run のユースケースは、次の通りです。

・ Webアプリケーションを実行する
・ ファイルのアップロードをトリガーとして、データを加工し、保存する

試験対策   Cloud Run はコンテナのサーバーレス実行環境であることを覚えておきましょう。

参考   アプリケーションコードのみのデプロイに対応しているプログラミング言語については、次の URL から確認できます。
https://cloud.google.com/run/docs/deploying-source-code?hl=ja#supported

● 主な機能や特徴

Cloud Run には、次のような特徴があります。

●実行方法の種類

Cloud Run の実行方法として、「**サービス**」と「ジョブ」の2種類があります。サービスは、リクエスト（HTTP(S)、Pub/Sub など）やイベントに応答して処理を行うアプリケーションの実行に使用します。そのため、サービスのアプリケーションは呼び出しリクエストを常に待ち受ける状態となります。一方でジョブは、コマンドや API で起動し、1回限り、またはスケジュールに沿って実行するアプリケーションに使用します。

なお、本書では、サービスを使用することを前提として Cloud Run を説明します。

●Cloud Run のリソース構造

アプリケーションをサービスとしてデプロイすると、**リビジョン**が作成されます。リビジョンはデプロイするたびに作成されます。リビジョンを「アプリケーションのバージョン」と考えると理解しやすいでしょう。デフォルトでは、最新のリビジョンのコンテナイメージを使用してコンテナが作成されます。

[サービスのリソース構造のイメージ]

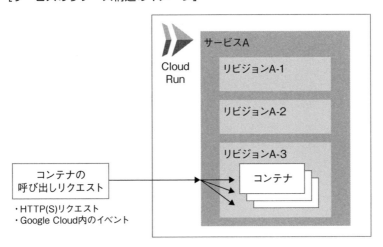

●サービスの自動スケーリング

　サービスを実行すると、コンテナの呼び出しリクエスト数とCPU使用率に応じて、コンテナが自動的にスケーリングされます。デフォルトでは、コンテナは最小で0個にスケールインされます（これをゼロスケーリングといいます）。次のパラメータを調整することで、自動スケーリングの動作を制御することができます。

[自動スケーリングを制御するパラメータ]

パラメータ	説明
コンテナの最大数	スケーリングの上限値。コスト増大の抑制などに使用
コンテナの最小数	スケーリングの下限値。コールドスタートによる遅延を回避するために使用
コンテナあたりの最大同時リクエスト数	1つのコンテナで同時に何件のリクエストを処理するかを決定

　一般的にコールドスタートとは、ハードウェアの電源が入っていない状態からハードウェアを起動することです。今回の場合、ゼロスケーリングの状態からコンテナを起動することを指します。コンテナが使用可能になるまで待機する必要があり、遅延が発生します。

●サービスのトラフィックの管理

　サービスでは、複数のリビジョン間でトラフィックの分割・移行を行うことができ、アプリケーションのABテスト、カナリアリリース、ロールアウト、ロールバックなどを簡単に実施することができます。

　全体のトラフィックのうち、どのくらいの割合のトラフィックをどのリビジョンに割り振るかを指定すると、トラフィックの分割・移行が行われます。もし分割・移行後、アプリケーションに不具合が発見されても、トラフィックをすぐに元の状態に戻すことが可能です。

[サービスのトラフィック分割のイメージ]

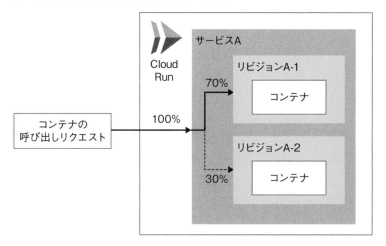

試験対策 Cloud Run ではトラフィックを分割・移行できることを覚えておきましょう。

●Cloud Run for Anthos

　Cloud Run には、「**Cloud Run for Anthos**」というプロダクトも提供されています。まず、**Anthos**とは、Google Cloud を含めたクラウド環境やオンプレミス環境にまたがるハイブリッド/マルチクラウド環境において、コンテナアプリケーションを一元管理するためのプラットフォームのことです。Anthos を使用すると、クラウド・オンプレミス上の Kubernetes クラスタを基盤として、ハイブリッド/マルチクラウド環境でアプリケーションを実行することができます。

　Cloud Run for Anthos は、複雑なインフラストラクチャを持つAnthos環境を、コンテナのサーバーレス環境として提供するプロダクトです。フルマネージドの Cloud Run と高い互換性があり、コンテナの実行場所を Cloud Run と Cloud Run for Anthos で切り替えることが可能です。

フルマネージドの Cloud Run ではなく、Cloud Run for Anthos を選択するのは、次のようなユースケースです。

・ハイブリッド/マルチクラウド環境でコンテナアプリケーションを簡単に実行・管理したい場合
・GPUを使用したい場合

5	App Engine

「App Engine」は、Web アプリケーションをサーバーレス環境で実行し、管理できるプロダクトです。フルマネージドなプロダクトであるため、サーバーの管理等についてほとんど考慮する必要はなく、アプリケーションコードと設定ファイルを用意するだけでアプリケーションを実行することができます。また、自動スケーリングにより、負荷が高く、大量のトラフィックを扱うアプリケーションも扱うことが可能です。

試験対策 App Engine は、Web アプリケーションを簡単に実行、管理できるフルマネージドでサーバーレスなプロダクトであることを覚えておきましょう。

● 主な機能や特徴

App Engine には、次のような特徴があります。

●スタンダード環境とフレキシブル環境の違い

App Engine では、アプリケーションの実行基盤を「**スタンダード環境**」と「**フレキシブル環境**」の2つから選択することができます。2つの環境には、主に次のような違いがあります。

[スタンダード環境とフレキシブル環境の違い]

項目	スタンダード環境	フレキシブル環境
アプリケーションの実行	ディスクへの書き込みができないなど、制限が多い	・制限が少ない ・Compute Engine インスタンス上の Docker コンテナ内で実行される
自動スケーリングの性能	・急激なトラフィックの増大に耐えられる ・トラフィックが 0 の場合、App Engine のインスタンス数が 0 になる	スケーリングに時間がかかる
料金	・App Engine のインスタンス起動時間に対して課金 ・無料枠あり	・vCPU、メモリ、永続ディスクの使用量に対して課金 ・無料枠なし
ユースケース	・無料または低コストでアプリケーションを運用したい ・急激なトラフィックの変化がある	・制限の少ない環境で実行したい ・トラフィックが安定している

なお、フレキシブル環境はスタンダード環境を補完する存在であり、スタンダード環境ではアプリケーションの要件を満たせない場合においてのみ使用することが推奨されています。

●トラフィック分割

App Engine には、Cloud Run と同様に、トラフィック分割の機能が備わっており、AB テストやカナリアリリースを容易に実施することができます。

App Engine で実行するアプリケーションは、アプリケーションの機能ごとに「サービス」に分割します。複数のバージョンがデプロイされたサービスに対してトラフィックの配分比率を指定すると、トラフィック分割が行われます。もし分割先のバージョンに不具合が見つかっても、トラフィックの状態をすぐにロールバックできます。

[トラフィック分割のイメージ]

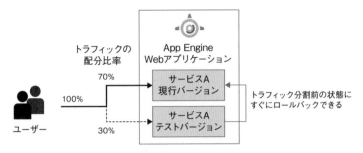

● トラフィックの移行

　トラフィックの移行も App Engine で簡単に行うことが可能です。トラフィックの移行は、アプリケーションのロールアウト、ロールバックを行う際に使用します。トラフィックの移行先のバージョンを指定すれば、すぐにトラフィックが切り替わります。もし、トラフィック移行先のバージョンで不具合が見つかっても、トラフィックの状態をすぐに戻すことが可能です。

　スタンダード環境では、**ウォームアップリクエスト**を使用した、段階的なトラフィックの移行も可能です。ウォームアップリクエストを有効にした移行の場合、移行先バージョン用の App Engine インスタンスの準備が整い次第、トラフィックが移行していくため、トラフィック移行時の遅延を回避することが可能です。なお、フレキシブル環境はウォームアップリクエストに非対応です。

6 Cloud Functions

「Cloud Functions」は、関数と呼ばれる簡易的なアプリケーションコードをサーバーレスな環境で実行できるプロダクトです。Cloud Functions では、イベントに応答するような処理（イベント駆動型プログラム）を実行します。ただし、関数の実行時間には制限があるため、<u>時間がかかる処理の実行には向いていません</u>。

Cloud Functions はフルマネージドであり、自動スケーリングに対応しているため、サーバーの管理やスケーリング等を考慮する必要はほとんどありません。

Cloud Functions は、関数の呼び出し回数と処理時間に応じて料金が発生します。

Cloud Functions のユースケースは、次の通りです。

- 新規ファイルがストレージにアップロードされたら、データを加工し、データベースに保存する
- IoTデバイスからデータが送信されたら、データを加工し、データベースに保存する
- HTTP(S)リクエストを受け取ったら、アプリケーションの起動処理を行う

試験対策
Cloud Functions は、イベント駆動型で簡易的な関数の実行基盤であることを覚えておきましょう。

参考
Cloud Functions は第 1 世代と第 2 世代の 2 種類があり、仕様は世代ごとに異なります。本書では第 1 世代についてのみ説明します。第 1 世代と第 2 世代の違いについては、次の URL から確認できます。
https://cloud.google.com/functions/docs/concepts/version-comparison?hl=ja

参考
Cloud Functions でサポートされているプログラミング言語については、次の URL から確認できます。
https://cloud.google.com/functions/docs/concepts/execution-environment#runtimes

● 主な機能や特徴

Cloud Functions には、次のような特徴があります。

● トリガーの種類

Cloud Functions の関数はイベントに応じて自動的に起動します。関数に**トリガー**を設定することで、関数をどのイベントに応答させるかを決定します。様々な種類のトリガーが用意されており、関数を柔軟に設計することができます。ここでは、代表的な次の3つのトリガーを紹介します。

[Cloud Functions の主なトリガー]

トリガー	説明
HTTP トリガー	HTTP(S) リクエストを受信したら関数を起動する
Cloud Storage トリガー	Cloud Storage でオブジェクトの作成、変更、削除などが行われたら関数を起動する
Pub/Sub トリガー	Pub/Sub にメッセージがパブリッシュされたら関数を起動する

[Cloud Storage トリガーを使用した関数のイメージ]

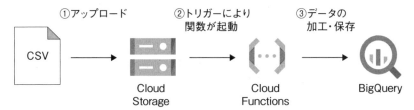

● 自動スケーリング

Cloud Functions では、イベント（つまり、関数の起動リクエスト）が1回発生するごとに関数が1つ起動します。Cloud Functions は、リクエスト数に応じて、関数が実行される Cloud Functions インスタンスを自動的にスケーリングします。

7 まとめ

　本節では、コンピューティングに関する Google Cloud のプロダクトを紹介しました。これまで紹介した各プロダクトの特徴とユースケースを次の表にまとめます。

[コンピューティングプロダクトの一覧]

プロダクト	種類	特徴	ユースケース
Compute Engine	仮想マシン	仮想マシンを提供するプロダクト。幅広いユースケースに対応し、MIG を使用することで大規模なアプリケーションの実行にも使用できる	・オンプレミス環境のアプリケーションの移行先 ・サードパーティ製のアプリケーションの実行
Google Kubernetes Engine	コンテナ	Kubernetes の実行環境で、高いスケーリング性能と高可用性に強みを持つ	・コンテナ化された大規模なアプリケーションの実行 ・機械学習の実行基盤
Cloud Run	コンテナ / サーバーレス	コンテナをサーバーレスで実行できる。高いスケーリング性能と柔軟性を持ちつつ、運用も手軽	・Web アプリケーションの実行 ・データの加工
App Engine	サーバーレス	Web アプリケーションをサーバーレスで実行できる。運用を手軽にする機能が豊富	Web アプリケーションの実行
Cloud Functions	サーバーレス	イベント駆動型の小規模なコード（関数）をサーバーレスで実行できる	イベント駆動型の処理

第3章 コンピューティング

1 コンテナアプリケーションを Google Kubernetes Engine で実行しようとしています。運用コストを抑えつつ、アプリケーションの可用性をできる限り確保するという 2 点の要件を満たすには、どのクラスタを作成すればよいですか。

- A. Autopilot モードのゾーンクラスタ

- B. Autopilot モードのリージョンクラスタ

- C. Standard モードのゾーンクラスタ

- D. Standard モードのリージョンクラスタ

2 Compute Engine のインスタンス全体をバックアップする手法として適切なものはどれですか。

- A. スナップショット

- B. インスタンステンプレート

- C. カスタムイメージ

- D. マシンイメージ

3 Compute Engine でシステムを稼働させることを計画しています。そのシステムはミッションクリティカルであるため、インスタンスに接続するストレージには冗長構成がとられているものを選択する必要があります。また、ストレージに対して一定頻度の書き込み・読み取りが発生するため、ある程度の性能が必要です。要件に当てはまるストレージオプションはどれですか。

- A. ローカル SSD

- B. Cloud Storage バケット

- C. ゾーン永続ディスク

- D. リージョン永続ディスク

4 Web アプリケーションを Google Cloud で構築することになりました。このアプリケーションは多くのユーザーに利用されることが見込まれます。一方で、最小限の開発コストでアプリケーションを構築し、運用コストもできる限り抑える必要があります。どのプロダクトを用いてアプリケーションを構築すればよいですか。

    A.   App Engine のスタンダード環境

    B.   Compute Engine のマネージドインスタンスグループ（MIG）

    C.   Google Kubernetes Engine の Autopilot モード

    D.   Google Kubernetes Engine の Standard モード

5 Cloud Storage にファイルがアップロードされたら、そのファイルのデータを加工するアプリケーションを開発しています。開発コストを最小限にできる方法はどれですか。

    A.   App Engine のスタンダード環境でアプリケーションを実行する

    B.   Compute Engine の Spot VM（プリエンプティブル VM）でアプリケーションを実行する

    C.   Google Kubernetes Engine の Autopilot モードでアプリケーションを実行する

    D.   Cloud Functions で Cloud Storage トリガーを使用したアプリケーションを実行する

6 あなたは Web アプリケーションの開発者です。現在、アプリケーションは App Engine のスタンダード環境で稼働しており、アプリケーションの新機能の AB テストを計画しています。現行バージョンと新バージョンで AB テストを実施する方法として、作業の負荷が少ない方法はどれですか。

    A.   新バージョンをデプロイし、Cloud Load Balancing のロードバランサを用いて現行バージョンと新バージョンでトラフィックを分散させる

    B.   App Engine のトラフィック分割機能を使用し、新バージョンにトラフィックの配分比率を指定する

    C.   新バージョンを App Engine のフレキシブル環境にデプロイし、現行バージョンへのトラフィックの一部を新バージョンに割り当てる

第 **3** 章

コンピューティング

D. アプリケーションを Cloud Run に移行し、Cloud Run のトラフィック分割機能を使用して AB テストを行う

7 Google Kubernetes Engine の Standard モードでアプリケーションを実行しています。現在、アプリケーションへのアクセスが増加傾向にあり、アプリケーションの負荷が高まっています。最小限の作業で負荷を解消する方法はどれですか。

A. アプリケーションを Cloud Run に移行する

B. Compute Engine のマネージドインスタンスグループでアプリケーションを実行し、負荷分散を行う

C. 水平ポッド自動スケーリングを構成する

D. App Engine でアプリケーションを実行し、自動スケーリングを使用する

8 オンプレミス環境の仮想マシンで実行されている大規模なステートフルアプリケーションを Google Cloud に移行することを計画しています。可能な限り移行にかかる作業の負荷を抑える必要があります。アプリケーションの移行先として適切なものはどれですか。

A. Cloud Run で実行する

B. Compute Engine のステートフル MIG で実行する

C. Google Kubernetes Engine の Autopilot モードの StatefulSet で実行する

D. Google Kubernetes Engine の Standard モードの StatefulSet で実行する

9 あなたは Google Kubernetes Engine の Standard モードで稼働しているアプリケーションの開発者です。新しいバージョンのアプリケーションのデプロイを計画しています。ダウンタイムを最小限にするデプロイ方法はどれですか。

A. 新たに作成したクラスタにアプリケーションをデプロイし、現行バージョンへのトラフィックが新バージョンに向くようにトラフィックを切り替える

B. 新バージョンのアプリケーションを含むポッドをデプロイし、現行バージョンへのトラフィックが新バージョンのポッドに向くよ

うに Service の設定を変更する

C. Compute Engine のマネージドインスタンスグループのローリングアップデート機能を利用する

D. Deployment のローリングアップデート機能を利用する

10 **Google Kubernetes Engine で実行するアプリケーションを開発しています。アプリケーションは「インターネットから直接アクセスできない」というセキュリティ要件を満たす必要があります。要件を満たすためにはどのように構成する必要がありますか。**

A. 必要なアカウントのみに「Kubernetes Engine 管理者」のロールを付与する

B. インターネットからのアクセスを検知したらアプリケーションの管理者に通知を行うアプリケーションをクラスタで実行する

C. 限定公開クラスタを構成する

D. アプリケーションにアクセスする場合、特定の Compute Engine インスタンスを経由するというルールを周知する

1 B

「Autopilot モード」を使用すると GKE クラスタの運用を Google Cloud 側に任せることができるため、運用コストを抑えられます。また、「リージョンクラスタ」は複数ゾーンにノードを配置するため、「ゾーンクラスタ」より可用性を高くすることができます。なお、Autopilot モードの場合、クラスタは自動的にリージョンクラスタとなります。

2 D

Compute Engine のインスタンスのメタデータや接続されている永続ディスクなど、インスタンス全体をバックアップする手法は「マシンイメージ」です。
選択肢 A、B、C は次の理由により不正解です。

A.　「スナップショット」は永続ディスク単体をバックアップする手法です。
B.　「インスタンステンプレート」はインスタンスのスペックや使用するイメージなど、インスタンスの構成情報が記述されたもので、インスタンスの複製や MIG の作成に使用されます。
C.　「カスタムイメージ」は永続ディスク作成時のベースとなるデータです。

3 D

まず、選択肢の中で冗長化の要件を満たすのは、「Cloud Storage バケット」と「リージョン永続ディスク」です。そして、この 2 つのうち、書き込み・読み取りの性能が高いのは「リージョン永続ディスク」のため、選択肢 D が正解です。

4 A

App Engine は Web アプリケーションのサーバーレス実行環境を提供するフルマネージドなプロダクトです。App Engine のスタンダード環境を選択することで、開発コストと運用コストを最小限にすることができます。選択肢 B、C、D は開発コスト、運用コストともに高いため、不正解です。

5 D

Cloud Functions はイベント駆動型のアプリケーションを実行するサーバーレス環境であり、「Cloud Storage トリガー」を利用することで今回のアプリケーションを簡単に構築できます。

6 B

App Engine のトラフィック分割機能を使用すると、容易に AB テストを実施することができます。選択肢 A、C、D はより多くの作業が必要となるため不正解です。

7 C

水平ポッド自動スケーリングを構成するのが、最も少ない手順で負荷を解消できる手段です。選択肢 A、B、D は他のプロダクトへの移行により多くの作業が必要となるため不正解です。

8 B

オンプレミス環境のアプリケーションの移行先として最も有力となるのが Compute Engine です。「ステートフル MIG」を使用することで大規模なステートフルアプリケーションを実行することができます。選択肢 A、C、D は、アプリケーションのコンテナ化など多くの作業が必要となり、要件を満たさないため不正解です。

9 D

「ローリングアップデート」とは、稼働しているアプリケーションを停止せずに、徐々にアプリケーションのアップデートを行う手法のことです。Kubernetes の Deployment を使用することでローリングアップデートを行うことができるため、ダウンタイムを最小限にするという要件を満たすことができます。

10 C

「限定公開クラスタ」には外部 IP アドレスが付与されないため、インターネットからのアクセスを遮断でき、要件を満たします。選択肢 A、B、D はインターネットからのアクセスを完全に遮断できるわけではないため、不正解です。

Google Cloud

Associate Cloud Engineer

第4章

データベース/ストレージ
とデータ分析

データベース/ストレージ

Google Cloud には、複数のデータベースやストレージ関連のプロダクトが用意されているため、ユースケースに応じてプロダクトを使い分けることが重要です。本節では、各プロダクトについての機能と特徴、そのプロダクトのリソースがどのように構成されているのかを説明します。

1 前提知識

● データベースに保存するデータの形式

あらかじめ定められた規則に従って整理されたデータのことを**構造化データ**と呼びます。行と列で整理された表形式データが構造化データに分類されます。

一方で、特定の規則を持たないデータを**非構造化データ**と呼びます。画像や動画、PDF データなどが非構造化データに分類されます。

さらに、非構造化データに分類されるものの、緩い規則である程度整理されたデータは**半構造化データ**とも呼ばれます。JSON データや XML データなどが半構造化データに分類されます。

データベースは構造化データと半構造化データの保存に適しており、ストレージは非構造化データの保存に適しています。

[データの形式と保存場所]

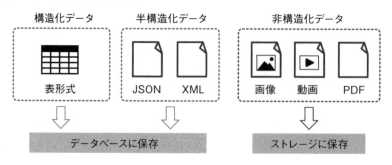

● データベースの種類

　データベースは、そのデータの持ち方によっていくつかの種類に分類できます。各データベースの特徴と、それらを提供する Google Cloud プロダクトは、次の通りです。

[データベースの種類]

種類		特徴	Google Cloud のプロダクト
リレーショナルデータベース		列（カラム）と行（レコード）を持つテーブルに対して、相互に関係性を持つデータを格納する	・Cloud SQL ・Cloud Spanner
NoSQL データベース	Key-Value 型	データを識別する「キー」に対して、その対象となるデータである「値（バリュー）」を一意に識別できる	・Firestore（Datastore モード）
	列指向型	データを識別する「キー」に対して、自由に列を追加してデータを管理できる	・Cloud Bigtable
	ドキュメント型	データを識別する「キー」に対して、JSON などの形式でデータを管理できる	・Firestore（Native モード）

[データベースのイメージ]

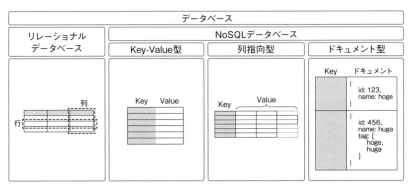

　続いて、各プロダクトの詳細について説明します。

第4章 データベース/ストレージとデータ分析

2　Cloud SQL

「Cloud SQL」は、フルマネージドなリレーショナルデータベースです。シ
ステム開発においてリレーショナルデータベースが必要となる場合、まず候補と
して挙げられる利用頻度の高いプロダクトです。使用可能なデータベースエンジ
ンは、「MySQL」「PostgreSQL」「SQL Server」の3種類です。オンプレミス環
境で稼働しているデータベースの移行先としても有用であり、短いダウンタイム
でオンプレミス環境から Cloud SQL への移行が可能です。また、Cloud SQL で
は高可用性 (HA) 構成やバックアップ、レプリケーションなどの機能を利用して、
データベースの可用性・パフォーマンス・耐久性を向上させることもできます。

　ただし、Cloud SQL には最大 64TB というストレージ上限が設定されていま
す。この上限を超える大規模なデータの保管には利用できないため、注意が必
要です。

試験対策　Cloud SQL にはストレージ上限が設定されていることを覚えておき
ましょう。

● リソース構造のイメージ

Cloud SQL のリソース構造は、次のようになっています。

[Cloud SQL のイメージ]

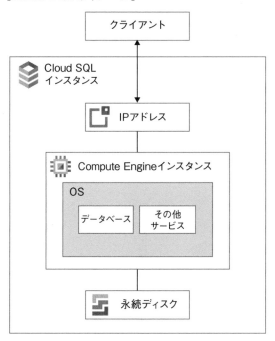

　Cloud SQL のリソースは、「インスタンス」という単位で作成されます。
Cloud SQL インスタンスは、Compute Engine インスタンスをもとにしており、
必要なソフトウェアをインストールした状態で作成されます。

● 主な機能や特徴

　Cloud SQL には、次のような機能や特徴があります。

●DB エンジンの選択

　前述の通り、使用可能なデータベースエンジンは、「MySQL」「PostgreSQL」
「SQL Server」の 3 種類です。
　どのデータベースエンジンを選択するかで、利用できる機能が異なるため注
意してください。それぞれがサポートしている機能については、次の URL から
確認できます。

・データベースエンジンによるCloud SQLの機能サポート
　https://cloud.google.com/sql/docs/feature_support

第4章　データベース/ストレージとデータ分析

●高可用性（HA）構成

Cloud SQLにて高可用性（HA）構成を有効化すると、Cloud SQLインスタンスは次のような冗長化された構成となります。

[HA 構成のイメージ]

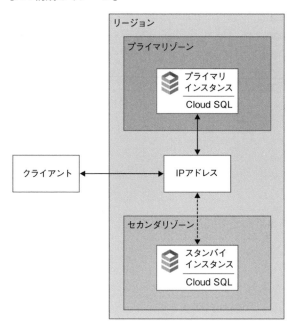

HA構成として作成されたCloud SQLインスタンスは、リージョンインスタンスとも呼ばれ、構成されたリージョン内にプライマリゾーンとセカンダリゾーンを持ちます。それぞれのゾーンには、**「プライマリインスタンス」**と**「スタンバイインスタンス」**が配置され、通常時はプライマリインスタンスがクライアントからのリクエストを処理します。

また、プライマリのゾーンやインスタンスに障害が発生したとしても、クライアントからのリクエストは「スタンバイインスタンス」へフェイルオーバーされて処理が継続されます。このとき、クライアントがデータベースへ接続する際に使用するIPアドレスは変更されないため、フェイルオーバー後にIPアドレスの設定変更などを行う必要はありません。

●レプリケーション

　Cloud SQL のレプリケーションとは、**リードレプリカ**と呼ばれる読み取り専用のインスタンスのコピーを作成する機能です。リードレプリカでデータベースに対する読み取りリクエストを処理できるようになるため、元のインスタンスにかかる負荷を軽減させることが可能です。

　また、元となるインスタンスが配置されているリージョンとは別のリージョンに対してリードレプリカを作ることもできます。このようなリードレプリカを、**クロスリージョンリードレプリカ**と呼びます。クロスリージョンリードレプリカでは、リードレプリカを地理的に分散させて配置するため、クライアントから近い位置に配置されたレプリカからデータの読み取りを実行できます。これにより、読み取り処理にかかる遅延が少なくなります。

[レプリケーションのイメージ]

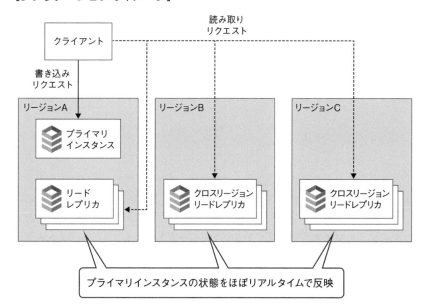

読み取り
リクエスト

クライアント

書き込み
リクエスト

リージョンA

プライマリ
インスタンス

リード
レプリカ

リージョンB

クロスリージョン
リードレプリカ

リージョンC

クロスリージョン
リードレプリカ

プライマリインスタンスの状態をほぼリアルタイムで反映

●バックアップ

　Cloud SQL でバックアップ機能を有効化すると、保管しているデータの耐久性を向上させることができます。バックアップを作成していれば、オペレーションミスにより必要なデータが失われてしまった場合や、問題が発生したインスタンスを以前の状態に戻したい場合などにスムーズに対処できます。

バックアップには「オンデマンドバックアップ」と「自動バックアップ」の2種類が用意されています。

● オンデマンドバックアップ

オンデマンドバックアップとは、ユーザーの任意のタイミングで作成できるバックアップのことです。オンデマンドバックアップは、リスクの高い操作をする前など、いつでも作成できます。ただし、インスタンスやバックアップを明示的に削除しなければ、作成したバックアップは保持され続けるため、無駄なコストが発生してしまう可能性があります。

● 自動バックアップ

自動バックアップは、設定したバックアップ時間枠に毎日自動でバックアップを作成します。バックアップ作成中にダウンタイムが発生することはありませんが、インスタンスへのアクセスが少ない時間帯をバックアップ時間枠として設定することが推奨されています。デフォルトでは、最新の7件のバックアップを保持します。保持するバックアップ数は、0〜365件の範囲から選択できます。自動バックアップによって作成されたバックアップにもコストが発生するため、保持するバックアップ数を適切に管理する必要があります。

これらの方法で取得したバックアップは、インスタンスを復元（リストア）するときに使用できます。リストアの方法としては、同一のインスタンスへ状態を復元するか、バックアップから別のインスタンスを作成するかを選択できます。

また、Cloud SQL では、**ポイントインタイムリカバリ**というリストア方法もサポートしています。ポイントインタイムリカバリとは、インスタンスを過去の特定時点に復旧する機能のことです。この機能を利用するには、データベースに対して適用された変更の順序を記録するロギング機能を有効にする必要があります。MySQL におけるバイナリログ、PostgreSQL における WAL(Write-Ahead Logging)、SQL Server のトランザクションログが、それぞれポイントインタイムリカバリに必要なログです。トランザクションログの保持日数は1〜7日の間で選択でき、デフォルトでは7日間に設定されています。ポイントインタイムリカバリを実施する場合、変更が適用されるのは既存のインスタンスではなく、新しく作成されるインスタンスである点に注意が必要です。

●メンテナンス

　Cloud SQL はフルマネージドなプロダクトであるため、自動でハードウェア・OS・データベースエンジンを最新の状態に保ちます。ほとんどの更新処理はインスタンスが稼働している状態で実行されますが、OS やデータベースエンジンの更新には再起動が必要であるため、ダウンタイムが発生します。このようなダウンタイムが発生する更新処理のことを「メンテナンス」といいます。

　データベースエンジンによって異なりますが、メンテナンス中に発生するダウンタイム時間は、一般的に 30 〜 120 秒程度です。メンテナンスによるサービスへの影響を最小限に抑えるため、Cloud SQL ではメンテナンスを実行する曜日や時間枠を指定できます。これにより、インスタンスに対してのリクエスト量が最も少ない時間帯にメンテナンスを実行することができます。

　また、Cloud SQL では通常、数か月に一度の頻度でメンテナンスを行います。このメンテナンス頻度を調整するために、「メンテナンス拒否期間」を設定できます。拒否期間は最大 90 日間まで設定可能で、指定した期間中はメンテナンスが実行されません。繁忙期などでインスタンスが頻繁に利用される期間には、メンテナンス拒否期間を設定することでダウンタイムの発生を防ぐことができます。

試験対策　Cloud SQL には、HA 構成・レプリケーション・バックアップ・メンテナンスという機能が備わっていることを覚えておきましょう。

3　Cloud Spanner

　「Cloud Spanner」は、グローバルかつ無制限にスケーリングが可能であるフルマネージドなリレーショナルデータベースです。単一リージョンにデータを保管する場合でも 99.99% の可用性を担保できますが、複数のリージョンを利用してデータを世界規模にレプリケーションさせることで、最大 99.999% の可用性を実現できます。また、データベースエンジンは Google が独自開発したものであり、バージョンアップや、リクエスト負荷に基づいたパフォーマンス最適化などの管理作業は Google Cloud 側の責任範囲となります。これにより、ユーザーはアプリケーション開発やデータベース設計に専念できます。

このように、Cloud Spanner は非常に高機能なリレーショナルデータベースであるため、相対的にコストが高くなります。そのため、最低限のコストでリレーショナルデータベースを利用したいなどの場合には、Cloud Spanner は適していません。

Cloud Spanner は、グローバルかつ無制限にスケーリングが可能なリレーショナルデータベースですが、その分コストも高くなることを覚えておきましょう。

● 主な機能や特徴

Cloud Spanner には、次のような特徴があります。

●ホットスポットを考慮したスキーマ設計

Cloud Spanner のテーブルに格納されるデータは、自動的に「スプリット」という単位に分割されます。どのデータがどのスプリットに配置されるかは、テーブルの主キーによって決まります。また、スプリットの数はデータの増減によって Cloud Spanner 側で自動的に調整されます。各スプリットは「ノード」というリソースに割り当てられ、管理されます。スプリットへ格納されているデータに対する読み取り・書き込みの処理は、ノードを経由して行われます。

Cloud Spanner で高いパフォーマンスを発揮するには、ノードやスプリットに対するアクセスを分散させる必要があります。単一のノードやスプリットへアクセスが集中してしまうと、その領域の負荷が高まり、「ホットスポット」というパフォーマンスの低下が発生しやすい状況を引き起こす可能性があります。そのため、主キーの設計が非常に重要な要素となります。代表的なアンチパターンとして、「連続する値を主キーに設定する」というものがあります。例えば、タイムスタンプのような連続する数値を主キーにするのは望ましくありません。ユーザー ID のような連続しない値や、ランダムで ID が生成される UUIDv4 を主キーとして使用するようにしましょう。

[ホットスポットの発生例と回避策]

ホットスポット発生例

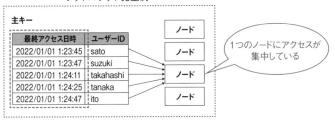

ホットスポット回避例

試験対策

Cloud Spanner のスキーマ設計として、連続する値を主キーに設定することはホットスポットを発生させる可能性があるため、望ましくありません。

4　Cloud Bigtable

　「Cloud Bigtable」は、フルマネージドな列指向型の NoSQL データベースです。数十億行、数千列の規模にスケーリングが可能であり、**数ペタバイト**のデータを保管できます。

　Cloud Bigtable のリソースは、データを処理する「コンピューティング機能」と、データを保管する「ストレージ機能」が分離しています。このような構造になっていることで、データを分散して高速に処理可能です。また、コンピューティングリソース自体がデータを保持しないため、特定のコンピューティングリソースに障害が発生しても他のリソースからストレージのデータを参照可能です。これにより、データの耐久性にも優れています。

　データへアクセスする際の遅延も少ないため、大容量のデータを読み書きす

119

る必要がある用途に適しています。具体的には、次のようなデータを扱うケースで使われています。

- 時系列データ
- IoTデータ
- マーケティングデータ
- 金融データ
- グラフデータ

ただし、SQLの実行や複数行のトランザクション処理には対応していません。また、Cloud Bigtableは「HBase」というApacheソフトウェア財団が管理しているオープンソースのデータベース管理システムと同じAPIを介して提供されています。オンプレミス環境や、Compute Engineなどを用いてGoogle Cloud上で構築したApache HBaseクラスタからCloud Bigtableへデータ移行させることもできます。

● 主な機能や特徴

Cloud Bigtableには、次のような特徴があります。

●ホットスポットを考慮したスキーマ設計

Cloud Spannerと同様に、Cloud Bigtableでもホットスポットを考慮したスキーマ設計が必要になります。ここでは、代表的なアンチパターンを2つ紹介します。

1つ目のアンチパターンは、「連続する数値などを行キーに設定する」というものです。Cloud Bigtableのテーブルに格納されるデータは、連続するいくつかの行を1つのブロックとして「タブレット」という単位にまとめられます。テーブルに新しい行が追加される場合には、行キーとして指定された値をもとにテーブル内のデータが並べ替えられます。タブレットに対するデータの読み取り・書き込み処理は、「ノード」というリソースを経由して行われます。そのため、連

続する数値などを行キーに設定してしまうと、特定のノードに処理が集中してしまう可能性が高くなります。

2つ目のアンチパターンは、「特定の列を繰り返し更新する」というものです。Cloud Bigtable の特徴として、既存の行データを更新するよりも、新規の行データを追記する処理を得意としています。そのため、特定の列を繰り返し更新すると、その箇所に負荷が集中したり、行やセルのデータ保管量の上限を超える可能性があります。

このような使い方をしているとホットスポットが発生し、Cloud Bigtable のパフォーマンスを低下させる原因となります。

また、「連続する数値などを行キーに設定する」ことは、Cloud Spanner のスキーマ設計と同じようなアンチパターンです。これは、ランダムで ID が生成される UUIDv4 など連続しない値を行キーとして使用することで避けられます。

試験対策 Cloud Bigtable のスキーマ設計のアンチパターンを覚えておきましょう。

5 Firestore

「**Firestore**」は、フルマネージドでスケーラブルなサーバーレスの NoSQL データベースです。このデータベースでは、はじめにデータベースモードを選択する必要があります。データベースモードは、「**Native**」と「**Datastore**」から選択できます。それぞれの特徴は、次の通りです。

● Native モード

Native モードのデータ構造は、ドキュメント型です。Web・モバイルから利用しやすいようにライブラリが提供されています。これにより、Web ブラウザや iOS、Android のようなクライアントから Firestore へ直接アクセス可能です。また、複数の言語に対応したサーバークライアントライブラリも提供されているため、サーバーサイドのアプリケーションからも Firestore を利用しやすくなっています。

● Datastore モード

Datastore モードのデータ構造は、Key-Value 型です。大規模に構造化された
データを扱うアプリケーションのバックエンドに適しており、App Engine の
データベースとして利用されることが多いです。従来は Cloud Datastore とい
う独立したプロダクトでしたが、Firestore の Datastore モードとして統合され
ました。既存の環境で Cloud Datastore を利用している場合には、同一の API
を利用できるため、Datastore モードを選択することが推奨されています。

どちらのモードを選択しても、SQL に似たクエリ言語をサポートしています。
1 つのプロジェクトで利用できるデータベースモードは 1 つだけなので、要件
に合わせて適切なモードを選択する必要があります。なお、本書では Native モー
ドを表す場合には「Firestore」、Datastore モードを表す場合には「Datastore」
と記載します。

試験対策 Firestore は、モバイル・Web・サーバー開発に適したデータベース
であることを覚えておきましょう。

6 Memorystore

「Memorystore」は、Redis / Memcached 向けのフルマネージドなインメ
モリデータストアのプロダクトです。頻繁にリクエストされるデータをキャッ
シュとして Memorystore に保存することで、データベースに対するリクエスト
の一部を高速に処理できます。これにより、リアルタイムなレスポンスが必要
なオンラインゲームなど、ミリ秒未満の通信遅延でデータを処理する必要があ
るサービスの要件に対応できます。

[Memorystore の利用イメージ]

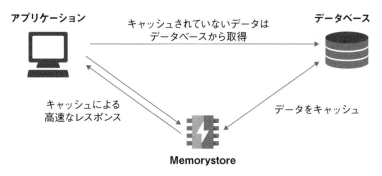

アプリケーション　　　キャッシュされていないデータは　　　データベース
　　　　　　　　　　　　データベースから取得

キャッシュによる　　　　　　　　　　　　データをキャッシュ
高速なレスポンス

Memorystore

　また、オープンソースの Redis / Memcached と完全な互換性があるため、オンプレミスなどで構築した既存の環境をコードの変更なく Google Cloud 上へ移行できます。

7　Cloud Storage

　「Cloud Storage」は、低料金で大容量のデータを保存できるストレージです。保存されているデータは少なくとも 2 つ以上のゾーンにわたって冗長化されるため、99.999999999%（イレブンナイン）の堅牢性を誇っています。

　Cloud Storage では、Google Cloud コンソールや Cloud Shell を通じて、データのアップロード・ダウンロード・コピー・名前変更・移動・削除など、様々な操作が可能です。

　また、詳しくは後述しますが、Cloud Storage には保管するデータの可用性を向上させたり、コストを最適化させたりするための機能が多く備わっています。それぞれの機能がどのような役割を持っており、どのような目的のために用意されているのかを整理しておきましょう。

● リソース構造のイメージ

　Cloud Storage のリソース構造は、次のようになっています。

[Cloud Storage の利用イメージ]

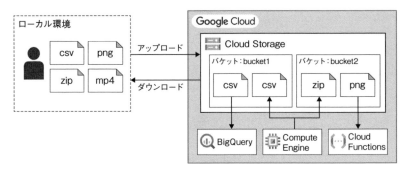

　Cloud Storage では、**バケット**というリソースにデータを保存して管理します。バケットには次のような特徴があります。

・バケット名は全世界を通じて一意でなければならない
・バケット作成後にはバケット名を変更できない

　バケット内に格納されるデータのことを、**オブジェクト**と呼びます。画像ファイル、動画ファイル、CSV ファイル、ZIP ファイルなど、どのようなファイル形式・データ容量であってもオブジェクトとして保存できます。
　アップロードされたオブジェクトには、次のような URL が割り当てられ、ブラウザ等からアクセスすることが可能となります。

```
https://storage.googleapis.com/[BUCKET_NAME]/[OBJECT_NAME]
```

　ただし、一度アップロードしたオブジェクトはその内容を編集できません。オブジェクトの内容を更新する場合は、データを上書きする必要があります。

● 主な機能や特徴

　Cloud Storage には様々な機能や特徴があるため、「バケット」「コスト最適化」「セキュリティ」のカテゴリに分けて、それぞれ説明します。
　まず、バケットに関する機能として、ロケーションタイプとバージョニングを紹介します。

●ロケーションタイプ

　ロケーションタイプとは、バケットをどのリージョンに作成するかを決定するための機能です。オブジェクトを保存・取得する際のデータ通信速度や、オブジェクトの冗長構成、コストなどの要件を考慮して決定する必要があります。ロケーションタイプは、次の3つから選択できます。

・リージョン

　リージョンを選択した場合、1つのリージョンにのみオブジェクトが保存されます。保存されるデータは、リージョンにある2つ以上のゾーンに冗長化されます。asia-northeast1（東京）やus-west1（オレゴン）などから1つ選択します。Cloud Storageにアクセスするコンピューティングリソースと同じリージョンを選択することで、通信遅延の短縮やネットワーク帯域幅のコスト最適化が可能です。

・デュアルリージョン

　デュアルリージョンを選択した場合、オブジェクトが2つのリージョンに冗長化され、可用性が高くなります。例えば、東京・大阪のようにペアのリージョンにオブジェクトが保存されます。「南北アメリカ」「ヨーロッパ」「アジア太平洋」の3つから地域を選択でき、さらにその中からリージョンのペアを選択します。一方で、保存にかかる料金が両方のリージョンに請求されるためストレージのコストが最も高くなります。

・マルチリージョン

　マルチリージョンを選択した場合、米国などの広い領域の中で地理的に離れた2つ以上のリージョンに保存されます。「南北アメリカ」「ヨーロッパ」「アジア太平洋」の3つの地域から選択できます。ユーザーが特定のリージョンではなく広範囲の地域にわたっている場合、マルチリージョンを選択します。可用性は最も高くなりますが、割り当てられるネットワーク帯域幅はリージョンやデュアルリージョンに比べて小さく、パフォーマンスの観点では劣っています。

試験対策　選択するロケーションタイプによって、データの可用性やコスト、パフォーマンスが異なる点を覚えておきましょう。

●バージョニング

　バージョニングとは、オブジェクトの世代を管理する機能です。オブジェクトを誤って削除・上書きした場合でも、保管されている前世代からデータを復元できます。保管できる世代数は無制限ですが、古い世代のオブジェクトにも料金が発生するため注意してください。後述するライフサイクル管理機能と組み合わせることでコストを最適化できます。

　バージョニングはバケット単位で設定します。なお、デフォルトでは無効になっています。

試験対策　Cloud Storage のバージョニング機能によりデータの世代を管理できます。

　次に、コスト最適化に関する機能として、ストレージクラスとライフサイクル管理を紹介します。

●ストレージクラス

　Cloud Storage ではストレージクラスと呼ばれるクラスが複数用意されており、クラスごとに料金や可用性が異なります。データの保存期間や取得頻度に応じて適切なクラスを選択することで、コストを最適化することができます。ストレージクラスはバケット単位だけではなく、バケット内のオブジェクト単位でも細かく設定可能です。

　適切なストレージクラスを決定するには、最小保存期間という概念について理解しておく必要があります。これは、オブジェクトが一度でも保存されると、例え削除や移動をしたとしても、各ストレージクラスで定められている最小保存期間の分だけコストが発生するという仕組みです。ストレージクラスによってこの期間が異なるため、要件に適するものを選択してください。

　ストレージクラスの種類と特徴は次の通りです。

・Standard ストレージ

　Standard ストレージは、デフォルトのストレージクラスです。アプリケーションやユーザーが高頻度にアクセスするデータや、短期間だけ保存したいデータに適しています。最小保存期間はありません。

・Nearline ストレージ

Nearline ストレージは、読み取りや変更を月 1 回程度しか行わないデータに適しています。例えば、日次データをバケットに日々アップロードし、月次で先月の集計データを分析するユースケースなどです。最小保存期間は 30 日です。

・Coldline ストレージ

Coldline ストレージは、読み取りや変更を数か月に 1 回程度しか行わないデータに適しています。最小保存期間は 90 日です。

・Archive ストレージ

Archive ストレージは、1 年に 1 回未満しかアクセスしないデータに適しています。監査のために長期間保存する必要があるデータや、障害復旧用データなどの保存に適しています。最小保存期間は 365 日と、最も長いです。

　Nearline ストレージ以降のクラスは主にバックアップ用途に適しています。データにアクセスする想定頻度と最小保存期間を考慮して、Nearline ストレージ、Coldline ストレージ、Archive ストレージから選択してください。

[ストレージクラスの比較]

	Standard	Nearline	Coldline	Archive
最小保存期間	なし	30 日	90 日	365 日
アクセス頻度の目安	頻繁	1 か月に 1 度	数か月に 1 度	1 年に 1 度
ストレージ料金 ※1	高 ————————————————→ 低			
データ処理料金 ※2	低 ←———————————————— 高			

※1　ストレージ料金：バケットに格納されるデータに対して発生する料金
※2　データ処理料金：オブジェクトのダウンロードなど Cloud Storage に対する
　　　操作の回数に対して発生する料金

試験対策　ストレージクラスは特に重要なので、最小保存期間やアクセス頻度の目安、それぞれの費用感の違いを覚えておきましょう。

第 4 章　データベース/ストレージとデータ分析

●ライフサイクル管理

　Cloud Storage のオブジェクトのライフサイクル管理機能を使用すると、オブジェクトの保存期間や世代に応じて、コスト最適化やデータの整理などのアクションを自動で行うことができます。代表的なライフサイクル管理の例は、次の通りです。

- ・アップロードされて30日以上経過したStandardストレージのオブジェクトをNearlineストレージにダウングレードする
- ・アップロードされて7日以上経過した画像ファイルを削除する
- ・バージョニングの世代数を3つに維持する（最も古い世代を自動的に削除する）

試験対策　ライフサイクル管理機能によりデータ整理やコスト最適化を実現できます。

　最後に、セキュリティに関する機能として、Cloud Storage のアクセス制御、署名付き URL、公開アクセス設定を紹介します。

●Cloud Storage のアクセス制御

　一般的なプロダクトでは IAM を利用してリソースに対するアクセス制御を行いますが、Cloud Storage では IAM に加えて**アクセス制御リスト（ACL）**という権限管理の仕組みを利用できます。

　ACL は IAM と連携して機能します。そのため、ACL か IAM のどちらかで権限が付与されていれば Cloud Storage のバケットやオブジェクトにアクセスできます。これらの権限管理の方法は、バケットを作成する際に、次の2つの方法から選択する必要があります。

[アクセス権の管理方法]

管理方法	説明
均一	IAM のみを使用して権限を管理。Google Cloud では、こちらの方法が推奨されている
きめ細かい管理	IAM と ACL を併用して権限を管理。バケット内のオブジェクトごとにアクセス権を変更可能

128

アクセス権の管理方法による違いを図に示すと、次のようになります。

[アクセス制御のイメージ]

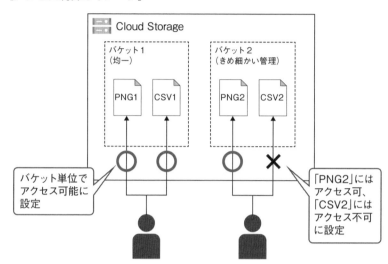

●署名付き URL

Cloud Storage では、リソースへの読み取り・書き込みの権限を期間限定で付与する**署名付き URL** という機能が用意されています。この機能により、Google アカウントを持っていないユーザーや、バケット・オブジェクトへアクセスする権限を持っていないユーザーであっても、発行される URL を知っていれば指定した期間中オブジェクトへ安全にアクセスできます。

設定した期間が経過してしまえば自動的に権限が取り消されるため、一時的に権限を付与したい場合には、IAM による管理より運用の負荷が少なくなります。

この機能の一般的な使用例は、「アップロード」と「ダウンロード」です。その他のほとんどのケースでは、署名付き URL を使用する必要はありません。

署名付き URL の具体例については、次の URL から確認できます。
https://cloud.google.com/storage/docs/access-control/signed-urls?hl=ja#example

試験対策
署名付き URL を使用すれば、認証情報を持たないユーザーでも、有効期限付きでバケット・オブジェクトへアクセスできると覚えておきましょう。

●公開アクセス設定

　Cloud Storage に保存しているバケットは、インターネット上に一般公開できます。デフォルトでは**公開アクセスの防止**という設定が有効になっているため、IAM の権限が付与されているユーザーのみがバケットに含まれるオブジェクトへアクセスできます。そのため、バケットを一般公開する場合は、この設定を無効にする必要があります。

　ただし、バケットを一般公開する場合、意図しないバケットやオブジェクトを誤って公開してしまう危険性があります。IAM の権限が付与されていないユーザーにバケットを公開する方法としては、署名付き URL を選択することもできます。前述の通り、署名付き URL であれば任意のアクセス可能な期間を設定でき、よりセキュアにバケットを公開できるため、特に理由がない限りは署名付き URL の使用が推奨されています。

試験対策
Google アカウントを持っていないユーザーや、バケット・オブジェクトへアクセスする権限を持っていないユーザーに対してオブジェクトのダウンロードやアップロードを許可したい場合は、一般公開ではなく、署名付き URL を使うことが推奨されています。

8　Filestore

　「**Filestore**」は、フルマネージドなファイルストレージのプロダクトです。ファイルシステムのプロトコルには、NFSv3 が使用されます。Filestore のインスタンスは Compute Engine のインスタンスや Kubernetes のクラスタ、オンプレ

ミス環境からアクセスが可能です。複数の環境から同時に接続できるため、共有
ファイルストレージとして利用できます。作成されるインスタンスの性能も非
常に高く、1秒あたりに大量のデータを通信できます。このような高パフォーマ
ンスのファイルサーバーを構築できるため、他のストレージプロダクトと比較
するとコストが高額になりやすいので注意が必要です。ダウンタイムなくリソー
ス容量を拡張できるため、インスタンスの使用状況をモニタリングしながら、必
要に応じて容量を調整することが推奨されています。

　また、Filestore はオンプレミス環境のアプリケーションをクラウドへ移行す
る際にも利用できます。オンプレミス環境の NAS ストレージからデータをリフ
ト＆シフトすることで、クラウド環境へ最小限の手間で移行できます。

9　Transfer Appliance

　「Transfer Appliance」とは、大容量のデータを専用のストレージを用いて
Google Cloud へ転送するためのプロダクトです。専用施設でのオフラインデー
タ移行のため、インターネットを介さずにデータを転送します。そのため、高
速でセキュアにデータをアップロード可能です。

　Transfer Appliance をリクエストすると、ユーザーのもとにデータ転送のた
めのストレージデバイスが届きます。そのストレージデバイスにデータを移し、
Google のデータアップロード施設へ返送することで、指定した Cloud Storage
上にデータがアップロードされます。例えば、一般的なネットワークの帯域幅
（100Mbps）で 300TB のデータを移行するには約 9 か月間の時間がかかります。
しかし、Transfer Appliance を利用すれば、ストレージデバイスがアップロー
ド施設に到着してから約 25 日間でデータをアップロードできます。

　次のようなケースであれば、Transfer Appliance を利用するのに適しています。

・既にGoogle Cloudを利用している
・移行するデータ量が10TB以上である
・Transfer Applianceが使用できるロケーションである
・ネットワーク経由だとデータの移行に1週間以上かかってしまう

　これらに該当しない場合は、他の移行オプションを検討することが推奨され
ています。

[その他のデータ移行オプション]

種類	説明
Storage Transfer Service	他のクラウドプロバイダから Cloud Storage にデータを転送
Transfer Service for On Premises Data	オンプレミス環境から Cloud Storage にデータを転送

10 まとめ

　本節では、データベース / ストレージに関する Google Cloud プロダクトを紹介しました。これまで紹介した各プロダクトの特徴とユースケースを次の表にまとめます。

[データベース / ストレージに関するプロダクト一覧]

プロダクト名	種類	特徴	ユースケース
Cloud SQL	リレーショナルデータベース	MySQL、PostgreSQL、SQL Server いずれかのデータベースを提供。オンプレミス環境からの移行先としても有用	・一般的なアプリケーション
Cloud Spanner	リレーショナルデータベース	グローバルかつ無制限にスケーリング可能。高機能であるため、コストも高い	・全世界からアクセスされるアプリケーション
Cloud Bigtable	列指向型NoSQL データベース	テラバイト・ペタバイトといった非常に大きなサイズのデータを高速に処理できる	・IoT データの格納 ・時系列データの格納
Firestore	ドキュメント型NoSQL データベース	クライアントから直接アクセス可能なスケーラブルでサーバーレスなデータベース	・モバイル・Web アプリケーション
Datastore	Key-Value 型NoSQL データベース	スケーラブルでサーバーレスなデータベース	・Web アプリケーション

Memorystore	インメモリ データベース	Redis / Memcached 向けのインメモリデータストアを提供	・ミリ秒未満の通信遅延で処理が必要なサービス ・データのキャッシュ保存
Cloud Storage	オブジェクト ストレージ	様々な形式のデータを安価に保持できるストレージ。ストレージクラスやライフサイクルなどの機能によってコストを最適化できる	・画像・動画などの非構造化データの格納 ・ログファイルのバックアップ
Filestore	ファイルスト レージ	NFSv3 プロトコルを利用したファイルストレージを提供	・共有ファイルストレージ ・アプリケーションのクラウド移行
Transfer Appliance	データ移行	大容量のデータを専用のストレージデバイスを介して Google Cloud 上へ移行する機能を提供	・大容量データのオフライン移行

前節では、データベース／ストレージのプロダクトについて説明しましたが、それらのプロダクトに蓄積されたデータを活用するには、膨大なデータから目的に沿った情報を抽出する必要があります。本節では、データ分析のための基盤を構築するプロダクトについて説明します。

1 データ分析の重要性

　データ分析とは、様々な方法で収集した膨大なデータを目的に応じて整理・加工して、ビジネスに役立てるために分析を行うことです。近年、データ分析の重要性は非常に高まっています。データ分析までの流れは次の通りです。

［データ分析までの流れ］

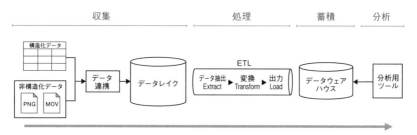

　実際にデータを分析するには、必要となるデータを「収集」して、分析に適した形式へ「処理」し、特定の場所に「蓄積」する必要があります。ここでは、この3つのステップを構成する重要な要素について説明します。
　まずは「収集」についてです。データ分析のために収集されるデータは、従来のビジネスシーンで活用されていた構造化データのみではなく、画像や動画などの非構造化データも含まれているため、非常にデータ量が膨大になります。このようなデータは**ビッグデータ**と呼ばれており、**データレイク**というデータストレージに未加工の状態で集められることが一般的です。

　次に「処理」についてです。収集された未加工のデータを効率的に分析するには、分析に必要なデータのみを抽出して1か所に集約する必要があります。このようなデータの加工処理には、主に **ETL** という手法が使用されます。ETL とは「Extract」「Transform」「Load」の頭文字を取ったもので、必要なデータを抽出し、目的に沿った形式へ変換して、任意の場所へ出力するという役割を持っています。

　最後に「蓄積」についてです。ETL によって処理されたデータは、**データウェアハウス**というデータストレージに蓄積することが一般的です。データウェアハウスにはデータ分析に適した形式へ加工・統合されたデータが蓄積されるため、そのデータに対して分析用ツールを用いてデータ分析を行います。

　ここからは、このようなデータ分析基盤を構築する Google Cloud プロダクトについて説明します。

2　BigQuery

　「**BigQuery**」とは、サーバーレスでフルマネージドなデータウェアハウスのプロダクトです。データ分析基盤においては「蓄積」「分析」のステップで利用されます。BigQuery は、取り込んだデータを蓄積する「ストレージ機能」と、蓄積されたデータに対して SQL クエリを実行する「コンピューティング機能」が分離しているという特徴があります。各機能におけるリソースは、それぞれ必要に応じて無制限にスケーリングが可能です。そのため、ペタバイトを超える大規模なデータであっても保管可能であり、そのデータに対して短時間で SQL クエリを完了できます。

● リソース構造のイメージ

　前述の通り、BigQuery は「ストレージ機能」と「コンピューティング機能」が分離しています。ここでは、それぞれの機能で提供されるリソースの構造について説明します。

[BigQuery のイメージ]

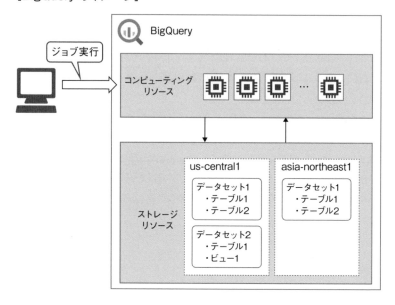

●コンピューティング機能のリソース構造

　BigQuery のコンピューティングリソースは、データの読み取りやデータへの SQL クエリなどの**ジョブ**を実行すると、BigQuery 側で自動的にジョブを実行するためのリソースが作成されます。ユーザーは事前にサーバーを用意したり、インフラを構築する必要はありません。

●ストレージ機能のリソース構造

　BigQuery で保管されるデータは、**データセット**と呼ばれる論理コンテナで管理されます。データセットを作成する際には、どのリージョンにデータセットを作成するかを選択する必要があります。ここで指定したリージョンは、後から変更できません。また、BigQuery では、参照するデータセットのリージョンがジョブを実行するロケーションとして選択されます。ジョブを実行するロケーションを明示的に指定することもできますが、参照するデータセットのロケーションと一致しない場合はエラーが発生します。複数のデータセットを対象としてクエリを実行する際も、すべてのロケーションが一致している必要があります。

　また、データセットは「**テーブル**」と「**ビュー**」へのアクセスを制御する役

割も持っています。

　テーブルはデータを保管する単位であり、列名やデータ型などの情報を指定したスキーマを定義できます。テーブル名はデータセットごとに一意である必要があります。BigQueryでは、次のようなテーブルタイプを選択できます。

[テーブルタイプの一覧]

種類	説明
ネイティブテーブル	BigQuery 内部のストレージで管理されるテーブル
外部テーブル	BigQuery 外部のストレージで管理されるテーブル
ビュー	SQL クエリで定義される仮想テーブル

　BigQueryのテーブルは、リレーショナルデータベースのテーブルと類似していますが、データを行単位ではなく、列単位で格納している点が異なります。各列のデータが別々に保管されているため、必要な列のデータに絞ってアクセスが可能です。このような形式のデータベースは、大量のデータを集計して分析するような場合に最適です。ただし、行単位でデータを処理する場合には、別々に保管されているすべての列のデータを参照する必要があるため、リレーショナルデータベースと比較すると効率的ではありません。

　また、「外部テーブル」や「連携クエリ」という機能を利用することで、BigQueryから Cloud Bigtable、Cloud Storage、Cloud SQL、Cloud Spannerなどの外部データソースに対して直接クエリを実行できます。このとき、外部データソースのロケーションは、BigQueryのデータセットのロケーションと同じである必要があります。

● **主な機能や特徴**

　BigQueryには、次のような機能や特徴があります。

●**処理効率を向上させるテーブル設計**

　BigQueryでSQLクエリを実行する際には、処理するデータ量によって料金が発生します。そのため、一度に大量のデータを読み取るSQLクエリを実行するとコストも高額になってしまいます。また、データ処理の速度も遅くなります。このような事象を避けるために、BigQueryでは、**パーティショニング**と**クラスタリング**という機能が用意されています。

137

・パーティショニング

　パーティショニングとは、1つのテーブルを分割する機能です。パーティショニングが適用されたテーブルのことを**パーティション分割テーブル**と呼びます。テーブルを分割する際には、主に時間単位の列やデータの取り込み日時などが利用されます。これにより、日別・時間別・月別・年別のいずれかでデータを整理できます。SQL クエリを実行するときには、分割されたパーティションを指定することで読み取るデータ量を少なくできます。

[パーティショニングのイメージ]

また、時間単位の列やデータの取り込み日時で分割された各パーティションには、有効期限を設定できます。有効期限が過ぎたパーティションは Google Cloud 側で自動的に削除されます。

・クラスタリング

　クラスタリングとは、テーブル内のデータを並べ替える機能です。クラスタリングが適用されたテーブルのことを**クラスタ化テーブル**と呼びます。データの並べ替えには、テーブル内の任意の列を「クラスタ化のための列（クラスタ化列）」として指定します。その列の値をもとに、関連性の高いデータを近くに配置するように並べ替えます。クラスタ化列の値を SQL クエリのフィルタ句に指定することで、処理するデータ量を節約できるため、処理速度の向上やコス

トの最適化が可能になります。

[クラスタリングのイメージ]

20220101

日付	名前	デバイス
2022年1月1日	佐藤	iPhone
2022年1月1日	高橋	Android
2022年1月1日	田中	PC
2022年1月1日	山本	PC
2022年1月1日	小林	PC
2022年1月1日	吉田	Android

20220101

日付	名前	デバイス
2022年1月1日	佐藤	iPhone
2022年1月1日	高橋	Android
2022年1月1日	吉田	Android
2022年1月1日	田中	PC
2022年1月1日	山本	PC
2022年1月1日	小林	PC

クラスタリング →

20220102

日付	名前	デバイス
2022年1月2日	鈴木	iPhone
2022年1月2日	渡辺	Android
2022年1月2日	中村	iPhone
2022年1月2日	山田	Android

20220102

日付	名前	デバイス
2022年1月2日	鈴木	iPhone
2022年1月2日	中村	iPhone
2022年1月2日	渡辺	Android
2022年1月2日	山田	Android

20220103

日付	名前	デバイス
2022年1月3日	伊藤	Android
2022年1月3日	加藤	iPhone
2022年1月3日	佐々木	iPhone
2022年1月3日	山口	PC

20220103

日付	名前	デバイス
2022年1月3日	加藤	iPhone
2022年1月3日	佐々木	iPhone
2022年1月3日	伊藤	Android
2022年1月3日	山口	PC

デバイスの種類で並べ替え

試験対策　SQL クエリで読み取るデータ量を少なくするプラクティスとして、「パーティショニング」と「クラスタリング」があることを覚えておきましょう。

3　Pub/Sub

　「**Pub/Sub**」とは、サーバーレスかつフルマネージドな非同期のメッセージングサービスのためのプロダクトです。データ分析基盤においては「収集」のステップで利用され、大量のデータを取り込んで配信するためのパイプラインとして使用されます。Pub/Sub では非同期的にデータ通信を行うため、データ受け渡しの完了を待つ必要がありません。これにより、柔軟なシステム設計が可能となります。

　Pub/Sub では、**メッセージ**という単位でデータを扱います。メッセージの発信者は**パブリッシャー**、メッセージの受信者は**サブスクライバー**と呼ばれ、この

間でメッセージのやり取りを仲介するのが Pub/Sub の役割です。例えば、IoT
デバイスをパブリッシャー、Cloud Bigtable をサブスクライバーに設定するこ
とで、IoT デバイスから送信される大量のデータを非同期的に受け渡すことが可
能です。

[Pub/Sub の利用イメージ]

試験対策　Pub/Sub とは、データを非同期で受け渡すメッセージングサービス
のためのプロダクトであると覚えておきましょう。

4　Dataflow

　「**Dataflow**」とは、サーバーレスかつフルマネージドなデータ処理のプロ
ダクトです。データ分析基盤においては「処理」のステップで利用され、主に
ETL として使用されます。データ処理とは、データレイクなどに保管されてい
る膨大な未加工のデータから、データ分析の目的に沿ったデータを抽出・統合
し、そのデータを蓄積・分析できるストレージへ出力する処理のことを指しま
す。データをどのように処理するかは、**Apache Beam** というオープンソース
のデータ処理フレームワークを用いて記述します。

[Dataflow の利用イメージ]

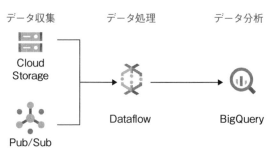

　また、Dataflow はフルマネージドなプロダクトであるため、大規模なデータ
を分散処理したい場合でも、事前にコンピューティングリソースを確保したり
インフラの構築をしたりする必要がありません。Dataflow 側で必要に応じて必
要なリソースを確保してくれます。

試験対策

Dataflow とは、データ分析のために必要なデータを抽出・加工し、
指定した環境へ出力する ETL の役割を担うプロダクトであると覚え
ておきましょう。

5　Dataproc

　「Dataproc」とは、Apache Spark / Hadoop クラスタを実行するためのフル
マネージドなプロダクトです。データ分析基盤においては「収集」「処理」「分析」
のステップで利用されます。Apache Spark / Hadoop とは、Apache ソフトウェ
ア財団が管理しているオープンソースのフレームワークであり、大量のデータ
を分散処理するのに特化しています。Dataproc を利用することで、簡単かつ高
速にクラスタを起動でき、クラスタを使用しないときは無効化することで費用
を低く抑えることができます。

　また、Dataproc クラスタが使用するストレージ領域として、デフォルトでは
Compute Engine インスタンスの永続ディスクが利用されます。この永続ディ
スクは、Hadoop 分散ファイルシステム（HDFS）と呼ばれます。HDFS に保
管されるデータは、Dataproc クラスタが削除されると併せて削除されてしまう
ため、Cloud Storage を利用してデータを永続化することが推奨されています。
Dataproc から Cloud Storage のデータには簡単にアクセス可能です。

試験対策

Dataproc は、大量のデータを分散処理できる Apache Spark /
Hadoop クラスタを実行するためのフルマネージドなプロダクトで
あることを覚えておきましょう。

第4章　データベース/ストレージとデータ分析

本節では、データ分析に関する Google Cloud プロダクトを紹介しました。こ
れまで紹介した各プロダクトの特徴とユースケースを次の表にまとめます。

[データ分析のプロダクト一覧]

プロダクト名	特徴	ステップ	ユースケース
BigQuery	ペタバイトを超える膨大なデータに対して、SQLによる高速な集計・分析が可能な基盤を提供	蓄積、分析	・データウェアハウス ・SQL クエリでの分析
Pub/Sub	データやイベントを取り込み配信するメッセージングサービス	収集	・非同期のデータ連携
Dataflow	データの抽出・変換・出力といった一連の処理を行う基盤を提供	処理	・ETL
Dataproc	Google Cloud 上　でSpark や Hadoop などの分散処理の実行基盤を提供	収集、処理、分析	・Apache Spark / Hadoop 関連の移行先

Q 演習問題

1 50TB のデータを扱うリレーショナルデータベースを構築する必要
があります。最もコスト効率がよいプロダクトはどれですか。

- A. Cloud Spanner
- B. Cloud SQL
- C. BigQuery
- D. Cloud Bigtable

2 Cloud Spanner を使用する際、ホットスポットの発生を避けるため
に適切な方法はどれですか。

- A. タイムスタンプを主キーとして設定する
- B. UUIDv4 を主キーとして設定する
- C. リージョン構成を選択する
- D. マルチリージョン構成を選択する

3 IoT デバイスから毎秒届く大量のセンサーデータを格納するデータ
ベースとして適切なものはどれですか。

- A. BigQuery
- B. Cloud Bigtable
- C. Cloud Spanner
- D. Cloud SQL

4 あなたはデータベースの管理者です。システムの要件として、Web ブラウザからもサーバーサイドのアプリケーションからも直接アクセス可能であり、運用負荷を最小限にするためサーバーレスのデータベースサービスを選択する必要があります。要件を満たすプロダクトはどれですか。

    A.   App Engine

    B.   Dataproc

    C.   Cloud Functions

    D.   Firestore

5 画像データを保管するストレージとして Cloud Storage を選択しました。Cloud Storage で保管するデータは少なくとも 2 つ以上のゾーンに冗長化される必要があります。最もコスト効率のよいロケーションタイプはどれですか。

    A.   ゾーン

    B.   リージョン

    C.   デュアルリージョン

    D.   マルチリージョン

6 監査ログのバックアップを Cloud Storage に保管することになりました。対象のログは数か月に 1 度しかアクセスされません。最もコスト効率のよいストレージクラスはどれですか。

    A.   Standard

    B.   Nearline

    C.   Coldline

    D.   Archive

7 ログシンクを用いて生成されるログを Cloud Storage に保管しています。対象のログは生成されてから 30 日間は頻繁にアクセスされますが、それ以降はほとんどアクセスされることがありません。ただし、365 日間は保管しておく必要があります。最小限のオペレーションコストでこの要件を満たすプラクティスはどれですか。

    A.   ライフサイクルルールとして、30 日経過したらストレージクラスを Archive に変更する設定をする

    B.   ライフサイクルルールとして、30 日経過したらストレージクラスを Coldline に変更する設定をする

    C.   オブジェクトのバージョニングを有効化する

    D.   オブジェクトが生成されてから 30 日が経過したことをトリガーとして、ストレージクラスを Archive に変更する関数を作成する

8 BigQuery で SQL クエリを実行する際に、読み取るデータ量を最小限にするために用意されている機能や手法として適している選択肢はどれですか。（複数選択）

    A.   テーブルをパーティショニングする

    B.   テーブルにクラスタリングを適用する

    C.   外部テーブルにデータを保存する

    D.   クエリ実行時に LIMIT 句を利用する

9 データを収集して蓄積するシステムを構築したいです。データが追加されたことをトリガーとして非同期でデータを受け渡し、必要に応じて加工・統合して出力するために必要なプロダクトはどれですか。（複数選択）

    A.   Pub/Sub

    B.   Cloud Bigtable

    C.   Dataflow

    D.   BigQuery

第 **4** 章 データベース/ストレージとデータ分析

10 オンプレミス環境で稼働している Apache Hadoop クラスタをクラウド上に移行したいと考えています。移行先として運用負荷が低く、最もコスト効率がよいプロダクトはどれですか。

    A.   Compute Engine

    B.   Firestore

    C.   App Engine

    D.   Dataproc

A 解答

1 B

リレーショナルデータベースという要件があるため、「Cloud SQL」か「Cloud Spanner」を選択する必要があります。Cloud SQL にはストレージ上限（64TB まで）が設定されていますが、今回はそれを超過しないため、Cloud SQL が適切な選択肢です。

2 B

ランダムで ID が生成される UUIDv4 を主キーとして使用することで、Cloud Spanner によるホットスポットを回避できます。
選択肢 A、C、D は次の理由により不正解です。

A. タイムスタンプのような連続する値を主キーに設定すると、ホットスポットが発生しやすくなります。
C、D. Cloud Spanner の構成はホットスポットの発生には関係ありません。

3 B

Cloud Bigtable は IoT データの格納に適したデータベースです。

4 D

Firestore は Web ブラウザからもサーバーサイドのアプリケーションからも直接アクセスできるようにライブラリが提供されているサーバーレスなデータベースです。

5 B

Cloud Storage に保管されるデータは、どのロケーションタイプを選択しても 2 つ以上のゾーンに冗長化されますが、最もコスト効率がよいのは「リージョン」です。「ゾーン」というロケーションタイプはありません。

6 C

数か月に1度しかアクセスされない場合、ストレージクラスを「Coldline」にするのが最もコスト効率のよい選択肢です。

7 A

ログが生成されてから30日経過するとめったにアクセスされないことから、ストレージクラスを「Archive」へ変更することでコストを最適化できます。
選択肢B、C、Dは次の理由により不正解です。

B. 変更するストレージクラスが適切ではありません。
C. バージョニングはコスト効率には関係ありません。
D. 関数を作成するのに開発コストがかかります。

8 A、B

BigQueryでSQLクエリを実行する際に読み取るデータ量を少なくする方法として、「パーティショニング」と「クラスタリング」を有効化することが挙げられます。
選択肢C、Dは次の理由により不正解です。

C. 外部テーブルにデータを保存してもクエリで読み取るデータ量に変動はありません。
D. LIMIT句を使用すると結果セットに出力されるデータ量を制限できますが、読み取るデータ量に変動はありません。

9 A、C

非同期のデータ受け渡しには「Pub/Sub」、データを加工・統合して出力するには「Dataflow」がそれぞれ用いられます。

10 D

DataprocはApache Spark / Hadoopクラスタを実行するためのフルマネージドサービスです。

第5章

ネットワーキングと運用

ネットワーキング

Google Cloud では、Google によって全世界に敷設された物理的なネットワーク網を活用して、拡張性や信頼性の高いネットワークを提供しています。本節では、ネットワークに関連するプロダクトについて説明します。

1 Virtual Private Cloud（VPC）

「Virtual Private Cloud（VPC）」とは、<u>Google Cloud 上でグローバルに提供されるプライベートネットワーク</u>です。このネットワークは、Compute Engine インスタンスや Google Kubernetes Engine（以下、GKE）クラスタ、その他のリソースを作成する際など、様々な場合に設定します。

Google Cloud では 1 つのプロジェクトに対して、複数の VPC ネットワークを作成でき、用途に合わせてネットワークを分割できます。また、1 つの VPC ネットワークを組織間で共有したり、VPC ネットワーク同士を接続したりする機能も備えているため、柔軟にネットワークを構成できます。

● リソース構造のイメージ

VPC のリソース構造は、次のようになっています。

[VPC のイメージ]

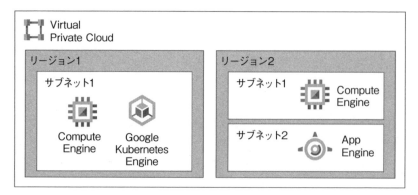

VPC ネットワークは、Google Cloud のすべてのリージョンを横断するグローバルなリソースとして作成されます。VPC ネットワーク自体は IP アドレス範囲を持たないため、実際にネットワークを利用するには、少なくとも 1 つ以上のサブネットを作成しなければなりません。

サブネットはリージョンごとに作成されるリソースです。作成時には任意のリージョンと IP アドレス範囲を定義します。同一 VPC 内のサブネット間は相互に接続されているため、内部 IP アドレスを使用して通信可能です。異なる VPC 間はデフォルトでは通信できないため、後述する「VPC ネットワークピアリング」や「Cloud VPN」を設定して VPC 同士を接続する必要があります。

● 主な機能や特徴

VPC には、次のような機能や特徴があります。

●サブネット作成モード

VPC では、サブネットの作成方法を次の 2 種類から選択できます。

・自動モード

各リージョンに 1 つずつサブネットが自動的に作成されるモードです。作成されるサブネットは、Google Cloud 側で事前定義された IP アドレス範囲 (10.128.0.0/9) が割り当てられます。これにより、Google Cloud に新しいリージョンが追加された場合には、そのリージョンのサブネットも自動で作成されるため、ネットワークの管理コストが下がります。自動モードの VPC ネットワークは、事前準備なく手軽に作成できるため、検証などの目的で利用するネットワークに適しています。

また、新規のプロジェクトには「default（デフォルトネットワーク）」という自動モードの VPC ネットワークが作成されます。デフォルトネットワークはサブネットの自動作成の他に、ネットワークをスムーズに利用するための設定が自動で行われるため、より気軽に VPC ネットワークを利用できます。

・カスタムモード

ユーザーが任意のリージョンにサブネットを作成できるモードです。自動的には作成されないため、必要なサブネットはユーザー自身で用意する必要があります。このモードで作成した VPC ネットワークは、利用する IP アドレス範囲を完全に制御できます。そのため、オンプレミス環境や別のクラウドプロバ

イダのネットワークに接続する場合でも、IP アドレス範囲の重複を避けることができます。カスタムモードの VPC ネットワークは、柔軟にネットワークを構成できるため、本番環境で使用するネットワークに適しています。

また、自動モードの VPC ネットワークを、カスタムモードに変更することもできます。ただし、カスタムモードから自動モードには変更できないため、VPC 作成時やサブネット作成モードの変更時には注意が必要です。

試験対策 自動モードの VPC ネットワークは、本番環境での使用が推奨されていないことを覚えておきましょう。

●IP アドレス範囲の拡張

サブネットマスクを変更することで、サブネットが持つ IP アドレス範囲を拡張できます。ただし、一度拡張した IP アドレス範囲は縮小できません。サブネットを拡張できる回数には制限がないため、必要最低限の IP アドレス範囲でこまめに拡張することが推奨されています。

例えば、192.168.1.0/28 という CIDR ブロックが割り当てられたサブネットには、16 個の IP アドレス（192.168.1.0〜192.168.1.15）が含まれています。この IP アドレスの範囲を 192.168.1.0/24 まで拡張する場合、IP アドレスの数は 256 個（192.168.1.0〜192.168.1.255）まで増加します。

[サブネット拡張の例]

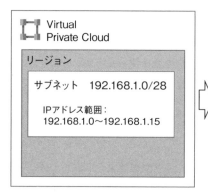

試験対策 サブネットの IP アドレス範囲は拡張可能ですが、縮小はできないことを覚えておきましょう。

●IP アドレスの種類

Google Cloud で利用できる IP アドレスは、「**外部 IP アドレス**」と「**内部 IP アドレス**」の 2 種類に分類されます。IP アドレスを付与するリソースのセキュリティ要件や通信の規模などを考慮して、IP アドレスの種類を使い分けることができます。それぞれの特徴は次の通りです。

[IP アドレスの種類]

種類	説明
外部 IP アドレス	インターネットと通信可能な IP アドレス
内部 IP アドレス	Google Cloud 内でのみ通信可能な IP アドレス

●静的 IP アドレスの予約

Google Cloud のリソースに紐づく IP アドレスの多くは、ユーザー側で明示的に指定しない限り**エフェメラル IP アドレス**という種類の IP アドレスが使用されます。エフェメラル IP アドレスとは、リソースを停止、または削除すると解放される IP アドレスのことです。エフェメラル IP アドレスを使用している場合、リソースに紐づく IP アドレスが固定されません。例えば、メンテナンスのために Compute Engine インスタンスの再起動を行った場合、再起動の前後でインスタンスに紐づく IP アドレスが変化します。Google Cloud 側で自動的に IP アドレスを割り当てるため、ユーザー側のネットワーク管理コストは削減されますが、固定の IP アドレスを用いたシステム運用ができません。これは内部 IP アドレスでも、外部 IP アドレスでも同様です。

リソースの IP アドレスを固定するには、**静的 IP アドレス**という種類の IP アドレスを予約して使用する必要があります。静的 IP アドレスとは、リソースを停止または削除したとしても解放されず、プロジェクト内で保持される IP アドレスのことです。静的 IP アドレスは、ユーザー側で明示的に IP アドレスを解放するまで、プロジェクト内に保持され続けます。これにより、リソースの停止や再起動が発生しても、同じ IP アドレスを使用し続けることができます。静的 IP アドレスの予約方法としては、事前に新しい IP アドレスを予約することも、既存のエフェメラル IP アドレスを昇格させることも可能です。

第5章　ネットワーキングと運用

ただし、静的外部 IP アドレスを予約すると料金が発生します。さらに、予約した静的外部 IP アドレスをリソースに紐づけていない場合には、紐づけていた場合よりも高額な料金が発生してしまいます。そのため、不要になった静的外部 IP アドレスは、明示的に解放する必要があります。

● ファイアウォールルール

　ファイアウォールは、ネットワーク上の通信を監視し、不正なアクセスや悪意のある通信を遮断する機能です。ネットワークの出入り口に配置され、通信パケットのフィルタリングや制御を行います。これにより、不正なアクセスなどのサイバー攻撃からリソースを保護することができます。

　Google Cloud にもファイアウォールの機能があり、**ファイアウォールルール**を用いて、特定の VPC ネットワーク内のリソース（インスタンス）に対する通信を制御することができます。ルール作成時には、次のような項目を指定します。

[ファイアウォールルールの設定項目]

項目		説明
名前		作成するルールの名前を指定
ログ		ルールの効果を監査・検証・分析するためのログを有効化するか選択
ネットワーク		ルールを適用する VPC ネットワークを選択
優先度		0 から 65535 までの値を指定。値が小さいほど優先度が高い
トラフィックの方向		「上り（内向き）」「下り（外向き）」から制御する通信の向きを選択
一致したときのアクション		通信を許可するか拒否するか選択
ターゲット		ルールの適用先を選択 「ネットワーク上のすべてのインスタンス」「指定されたターゲットタグ」「指定されたサービスアカウント」から選択
フィルタ	送信元フィルタ	上り（内向き）ルールの場合に適用 「IP アドレス範囲」「タグ（ネットワークタグ）」「サービスアカウント」の中から選択し、フィルタを設定
	送信先フィルタ	下り（外向き）ルールの場合に適用 「IP アドレス範囲」でフィルタを設定
プロトコルとポート		「HTTP」のようなプロトコルや、「80」「443」のようなポート番号を指定

[ファイアウォールのイメージ]

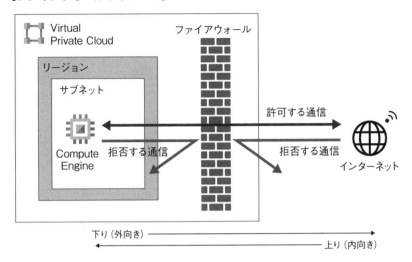

　ファイアウォールルールを設計する際には、最小権限の原則に基づいて、リソースへの通信を最小限に制限することが推奨されています。特定のリソースに対して通信を許可するように設定するには、ルールを適用するターゲットの設定を「指定されたターゲットタグ」や「指定されたサービスアカウント」にする必要があります。

　タグ（ネットワークタグ）とは、Compute Engine インスタンスやインスタンステンプレートなどに紐づく文字列です。例えば、Web サーバーとして機能するインスタンスに「web」というタグを付与し、そのタグをターゲットとして設定した場合、Web サーバーとして機能するインスタンスのみにファイアウォールルールが適用されます。

　サービスアカウントを指定してターゲットを識別する場合、指定されたサービスアカウントが紐づけられたインスタンスのみにファイアウォールルールが適用されます。

試験対策　ファイアウォールルールを使用して、リソースへの通信を最小限に制限する方法を覚えておきましょう。

　また、VPC ネットワークには、次のような暗黙のルールが含まれています。

・暗黙の下り（外向き）許可ルール

Google Cloud 側からインターネットへ向けた、すべての外向きの通信を許可するルールです。最も低い優先度（65535）が設定されているため、より優先度の高い拒否ルールがある場合、そのルールに該当する外向きの通信は拒否されます。

・暗黙の上り（内向き）拒否ルール

インターネット側から Google Cloud へ向けた、すべての内向きの通信を拒否するルールです。最も低い優先度（65535）が設定されているため、より優先度の高い許可ルールがある場合、そのルールに該当する内向きの通信は許可されます。

ただし、default ネットワークには、暗黙の上り（内向き）拒否ルールを上書きする追加ルールも設定されています。これにより、同じ VPC ネットワークに配置されたリソース同士の通信や、SSH や RDP、ICMP プロトコルを用いた通信などはデフォルトで許可されています。

●ファイアウォールポリシー

ファイアウォールポリシーとは、複数のファイアウォールルールを 1 つのリソースとしてグループ化して管理するための機能です。通常のファイアウォールルールは特定の VPC ネットワークに属しますが、ファイアウォールポリシーは組織やフォルダ、プロジェクトに属します。そのため、複数の VPC ネットワークに対して同時にルールを適用できます。また、ファイアウォールポリシーはポリシーを適用する対象の違いによって、次のような種類に分かれています。

［ファイアウォールポリシーの種類］

種類	定義可能な リソース階層	説明
階層型ファイアウォールポリシー	組織 / フォルダ	組織やフォルダ配下の指定のリソースに対してルールを適用
グローバルネットワークファイアウォールポリシー	プロジェクト	プロジェクト配下の VPC ネットワークのすべてのリージョン内に存在する指定のリソースに対してルールを適用
リージョンネットワークファイアウォールポリシー	プロジェクト	プロジェクト配下の VPC ネットワークの特定のリージョン内に存在する指定のリソースに対してルールを適用

階層型ファイアウォールポリシーは、下位のリソースに対してルールが継承されます。例えば、組織レベルで設定したポリシーはその配下のフォルダやプロジェクトに継承されます。継承されたルールは下位のリソースで作成されたルールによって上書きされることはないため、ファイアウォールルールの管理を一元化できます。

●共有 VPC

共有 VPC とは、特定の VPC ネットワークを組織内の複数のプロジェクトから利用できるようにする機能です。共有 VPC を持つプロジェクトは**ホストプロジェクト**、共有 VPC を利用する他のプロジェクトは**サービスプロジェクト**と呼ばれます。

共有 VPC を利用すれば、サブネットやファイアウォールなどの設定を各プロジェクトの VPC で実施する必要はなく、VPC の設定をホストプロジェクトで一元的に管理できます。サービスプロジェクト側の管理者が実行できる操作は、VPC に配置するリソースの作成と管理のみで、ネットワークに影響を及ぼす操作は許可されません。これにより、ネットワークの管理の権限を付与する対象を最小限に抑えることができます。

[共有 VPC のイメージ]

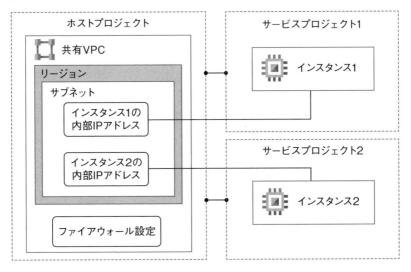

●VPC ネットワークピアリング

VPC ネットワークピアリングとは、2つの VPC を接続する機能です。2つ
の VPC が異なる組織やプロジェクトに所属していても接続できます。ピアリン
グされた2つの VPC 間では内部 IP アドレスを用いて通信が可能なので、イン
ターネットを経由しない高速でセキュアな通信が可能です。それぞれの VPC ネッ
トワークでピアリングの設定を実施し、接続したい VPC 同士の構成が一致する
場合にピアリングが有効になります。ただし、重複する IP アドレス範囲を持つ
VPC ネットワーク同士ではピアリングできません。例えば、自動モードで作成
される VPC ネットワークはすべて同じ IP アドレス範囲を使用するため、自動
モードの VPC ネットワーク同士ではピアリングできません。

また、ピアリング接続した VPC 間でネットワークの設定や IAM のロールが
同期されることはありません。片方の VPC ネットワークで特定のプリンシパル
にネットワーク管理者ロールを付与していたとしても、もう片方の VPC ネット
ワークに対してネットワーク管理者の権限を使用することはできません。それ
ぞれが独立した VPC ネットワークとして存在するため、各 VPC で設定を実施
する必要があります。

●限定公開の Google アクセス

限定公開の Google アクセスとは、外部 IP アドレスを持たないリソースが
Google のサービスや API へアクセスするための機能です。

[限定公開の Google アクセスのイメージ]

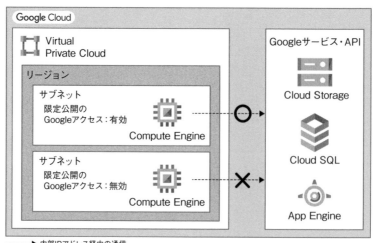

------▶ 内部IPアドレス経由の通信

158

　この機能はサブネット単位で設定を変更可能であり、機能の利用に料金は発生しません。Google のサービスや API へのアクセスは、基本的にインターネット経由での通信となるため、外部 IP アドレスを使用する必要があります。しかし、すべてのリソースに外部 IP アドレスを付与するのはセキュアな構成ではありません。このような場合に限定公開の Google アクセスを有効化することで、インターネットだけではなく、Google 独自のネットワークを経由する通信経路が利用できるようになります。これにより、内部 IP アドレスを用いた通信が可能になります。

　また、ドメインオプションを構成することで、Google のサービスや API へアクセスする際に使用できるドメインの制限も可能です。このときに使用するドメインオプションは、「restricted.googleapis.com」もしくは「private.googleapis.com」です。

　restricted.googleapis.com を 使 用 す る 場 合、VPC Service Controls（VPCSC）がサポートしているプロダクトの API へのアクセスを有効にできます。VPCSC とは、サービス境界という論理的な範囲を作成し、その範囲内に追加した API を保護するプロダクトです。Compute Engine API（compute.googleapis.com）や Cloud Storage API（storage.googleapis.com）などが該当する API です。restricted.googleapis.com を選択すると、利用できる API の範囲が最も制限されます。

 VPCSC がサポートしているプロダクトの API は、次の URL から確認できます。
https://cloud.google.com/vpc-service-controls/docs/supported-products

　private.googleapis.com を使用する場合、VPCSC のサポートの有無にかかわらず、ほとんどのプロダクトの API へのアクセスを有効にできます。

　これらのドメインオプションを明示的に使用するよう構成しない場合、自動的に「デフォルトドメイン」が使用されますが、先述の 2 つのドメインオプションを使用する方がネットワークセキュリティを向上させることができます。

第5章　ネットワーキングと運用

2 Cloud Load Balancing

「**Cloud Load Balancing**」とは、グローバルにスケーリングが可能である負荷分散を提供するプロダクトです。Cloud Load Balancing の背後に配置されるバックエンドが複数リージョンにまたがっていても、単一の外部 IP アドレスを用いてリクエストを受け付け、指定した指標をもとに通信の負荷を分散できます。バックエンドは、Compute Engine のインスタンスグループや Cloud Run のサービスなどを指定できる「バックエンドサービス」、Cloud Storage のバケットを指定できる「バックエンドバケット」の 2 つから選択できます。

Cloud Load Balancing では、アクセス増大に伴って予測されるリクエスト数や通信データ量を事前に申請する必要はありません。アクセスが全くない状態からでも、数秒でバックエンドサービスをスケーリング可能です。

[ロードバランサの概要]

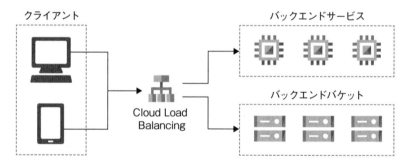

● 主な機能や特徴

Cloud Load Balancing には、次のような機能や特徴があります。

●ロードバランサの種類

Cloud Load Balancing では様々な種類のロードバランサが提供されているため、要件に合わせて適切なロードバランサを選択する必要があります。最適なロードバランサを選択するために考慮すべき項目は、次の通りです。

・クライアントの場所

　クライアントがどこからアクセスしているかによって、ロードバランサの種類は「外部」と「内部」に分かれます。「外部ロードバランサ」では、インターネットからの通信をVPCネットワークに分散し、「内部ロードバランサ」では、VPCネットワーク内のリソースからの通信を分散します。

・負荷分散の規模

　ロードバランサのバックエンドが複数のリージョンに分散しているか、単一のリージョン内に存在するかで、ロードバランサの種類は「**グローバル**」と「**リージョン**」に分かれます。「グローバルロードバランサ」では、すべてのリージョンに通信を分散し、「リージョンロードバランサ」では、単一リージョン内の複数のゾーンに通信を分散します。

・通信の分散方式

　クライアントからの通信をロードバランサで終端させるか否かで、ロードバランサの種類は「**プロキシロードバランサ**」と「**パススルーロードバランサ**」に分かれます。「プロキシロードバランサ」では、ロードバランサがプロキシとなり、クライアントからの通信を終端させ、ロードバランサからバックエンドへの新しい接続を開きます。このとき、IPアドレスを含むクライアントの通信情報は保持されません。「パススルーロードバランサ」では、クライアントからの通信を終端させず、IPアドレスを含むクライアントの通信情報は保持されます。

・トラフィックの種類

　どの種類のトラフィックを分散させるかで、選択できるロードバランサが異なります。「HTTP(S)」「SSL」「TCP」「UDP」「ESP」「ICMP」などのトラフィックをサポートしています。

　これらの選択基準をもとに、最適なロードバランサを選択する必要があります。提供されているロードバランサの種類は次の通りです。

第5章　ネットワーキングと運用

161

[外部ロードバランサの種類]

種類	負荷分散の規模	通信の分散方式	トラフィックの種類	説明
グローバル外部HTTP(S)	グローバル	プロキシ	HTTP(S)	外部からのHTTP(S)通信を複数リージョンに配置されたバックエンドサービスやバックエンドバケットへ分散
リージョン外部HTTP(S)	リージョン	プロキシ	HTTP(S)	外部からのHTTP(S)通信を単一リージョンに配置されたバックエンドサービスへ分散
外部SSLプロキシ	グローバル／リージョン	プロキシ	SSL	外部からのSSL通信をVPCネットワーク内のバックエンドサービスへ分散
外部TCPプロキシ	グローバル／リージョン	プロキシ	TCP	外部からのTCP通信をVPCネットワーク内のバックエンドサービスへ分散
外部TCP/UDPネットワーク	リージョン	パススルー	TCP、UDP、ESP、ICMP	外部からの通信を単一リージョン内に配置されたバックエンドサービスへ分散

[内部ロードバランサの種類]

種類	負荷分散の規模	通信の分散方式	トラフィックの種類	説明
内部HTTP(S)	リージョン	プロキシ	HTTP(S)	Google Cloud内部からのHTTP(S)通信を単一リージョンに配置されたバックエンドサービスへ分散
内部リージョンTCPプロキシ	リージョン	プロキシ	TCP	Google Cloud内部からのTCP通信を単一リージョンに配置されたバックエンドサービスへ分散
内部TCP/UDP	リージョン	パススルー	TCP、UDP	Google Cloud内部からの通信を単一リージョンに配置されたバックエンドサービスへ分散

　ここまで各ロードバランサの種類や、それらの特徴について説明しました。最後に、適切なロードバランサを選択するための選定チャートを紹介します。

[ロードバランサの選択における選定チャート]

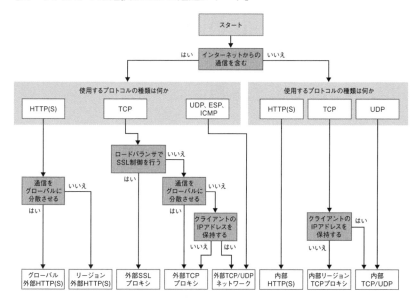

試験対策　ロードバランサの選択基準を覚えておきましょう。

●ロードバランサのユースケース

●インターネットから Web アプリケーションへの負荷分散

　Cloud Load Balancing は、HTTP(S) トラフィックでアクセスされる Web アプリケーションの負荷分散としてよく使用されます。このような場合には、「グローバル外部 HTTP(S) ロードバランサ」や「リージョン外部 HTTP(S) ロードバランサ」の使用が適しています。

　Web アプリケーションにアクセスするユーザーが全世界に点在している場合は、「グローバル外部 HTTP(S) ロードバランサ」を選択します。これにより、世界中のユーザーからのアクセスを単一の IP アドレスで受け付け、Web アプリケーションに負荷分散できます。

特定のリージョンにロードバランサを作成したい場合には、「リージョン外部HTTP(S) ロードバランサ」を選択します。このロードバランサは、主にコンプライアンス要件によって特定の地域内でデータを管理する必要がある場合に役立ちます。

●Web 層からアプリケーション層への負荷分散

Web3 層構造における Web 層とアプリケーション層の間の通信を負荷分散する場合には、「内部 TCP/UDP ロードバランサ」を選択します。例えば、Web 層とアプリケーション層の機能を提供するサーバーを Compute Engine インスタンスで構築し、アプリケーションサーバーを負荷に応じてスケーリングさせたい場合、次のように内部 TCP/UDP ロードバランサを組み込むことで適切に負荷分散が可能です。

[内部 TCP/UDP ロードバランサの使用例]

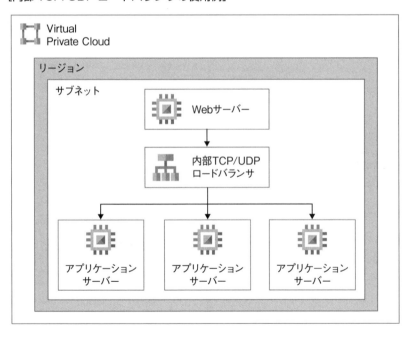

これにより、大量のリクエストが Web サーバーから送信されてもアプリケーションサーバーが適切にスケーリングされるため、アプリケーションの処理がボトルネックとなることを避けることができます。

3 Cloud CDN

「Cloud CDN」とは、コンテンツ配信を高速化させるネットワークサービスを提供するプロダクトです。一般的な Web サイトやアプリケーションでは、ユーザーからのリクエストはロードバランサを経由してバックエンドサーバーに到達し、そこからレスポンスが返されます。このとき、リクエスト元のユーザーとバックエンドサーバーの物理的な距離に比例してレスポンスの速度が変動してしまうため、すべてのユーザーに一定のサービスレベルを保証できなくなる恐れがあります。

　このような場合に Cloud CDN を利用すると、Google 独自のネットワークを用いて、リクエスト元のユーザーからできる限り近い位置にコンテンツをキャッシュできます。これにより、通信速度を高速化でき、バックエンドサーバーへの負荷も軽減できます。ユーザーごとにレスポンスの内容が変わらない動画や画像のような静的コンテンツにおいては、特にキャッシュ保存のメリットが大きくなります。

　Cloud CDN は、「グローバル外部 HTTP(S) ロードバランサ」と連携して利用します。クライアントからのリクエストに対して、ロードバランサを経由し、コンテンツを Cloud CDN にてキャッシュして配信するまでの流れは次の通りです。

[Cloud CDN を用いたコンテンツ配信の流れ]

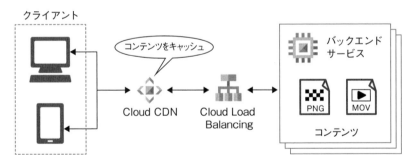

　Cloud CDN の背後に配置するコンテンツの配信元は、「送信元サーバー（オリジンサーバー）」とも呼ばれます。送信元サーバーとして、Compute Engine のインスタンスグループなどを使用した「バックエンドサービス」だけでなく、Cloud Storage を使用した「バックエンドバケット」も指定できます。

第5章 ネットワーキングと運用

Cloud CDNの料金は「キャッシュするデータ量」「キャッシュから取り出されたデータ量」「キャッシュ検索リクエスト数」に応じて発生します。

4　Cloud DNS

「Cloud DNS」とは、Google独自のネットワークを介して提供される可用性が高く低遅延なドメインネームシステム（DNS）を提供するプロダクトです。一般的にDNSとは、IPアドレスとドメイン名の紐づけをDNSレコードとして管理し、ドメイン名からIPアドレスへの変換（名前解決）を行う仕組みです。Cloud DNSでは、マネージドゾーンという論理コンテナを利用してDNSレコードを管理します。1つのプロジェクトに複数のマネージドゾーンを作成できますが、プロジェクト内でそれぞれ一意な名前を付ける必要があります。DNSサーバーはGoogle Cloudによって管理されるため、ユーザー側で独自にサーバーを構築する必要がありません。

[ゾーンとレコードのイメージ]

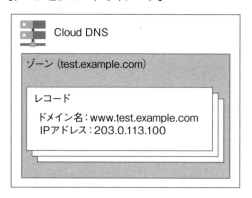

Cloud DNSの料金は「管理するゾーン数」と「ゾーンに対するクエリ数」に応じて発生します。

● 主な機能や特徴

Cloud DNSには、次のような機能や特徴があります。

●一般公開ゾーンと限定公開ゾーン

Cloud DNS のマネージドゾーンは「一般公開ゾーン」と「限定公開ゾーン」という 2 種類が用意されています。それぞれの特徴は次の通りです。

・一般公開ゾーン

インターネットに公開されるゾーンです。一般公開ゾーンは、インターネットから直接アクセスできるドメインを管理する際に使用します。

・限定公開ゾーン

インターネットに公開されないゾーンです。限定公開ゾーンは、VPC ネットワーク内からアクセスできるドメインを管理する際に使用します。限定公開ゾーンを用いて名前解決を行うには、VPC ネットワークを承認するようにゾーンの設定を変更する必要があります。承認された VPC ネットワーク内部のリソースからのリクエストに対して名前解決を行います。

5　Cloud NAT

「Cloud NAT」とは、フルマネージドなネットワークアドレス変換（NAT）を提供するプロダクトです。ネットワークアドレス変換とは、内部 IP アドレスを外部 IP アドレスに変換する機能です。通常、Compute Engine インスタンスや GKE クラスタなどのリソースがインターネットと通信するためには、外部 IP アドレスを割り当てる必要があります。しかし、外部 IP アドレスを持つリソースに対しては、インターネット側からのアクセスも可能となってしまいます。セキュリティの要件として、インターネットからのアクセスを遮断する必要がある場合には、対象のリソースに対して外部 IP アドレスを付与できません。このような場合に Cloud NAT を使用します。Cloud NAT の背後に配置されるリソースは、プライベートな環境として安全性が保たれ、ソフトウェア更新などをセキュアに行うことができます。

Cloud NAT で使用される外部 IP アドレスは、通常自動で割り当てられますが、ユーザーが指定した外部 IP アドレスを割り当てることもできます。また、リソースの使用量に応じて Cloud NAT で使用する外部 IP アドレスの数を自動的にスケーリングさせることもできるため、可用性にも優れています。

[Cloud NAT 利用のイメージ]

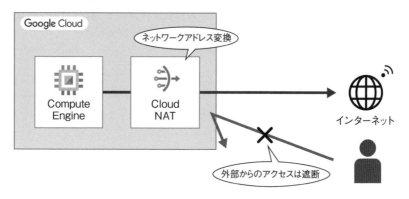

　Cloud NAT の料金は、「Cloud NAT に割り当てられているリソースの数」に
応じて上昇します。またリソース数が一定以上になると、リソースに対する料
金は一定になります。

試験対策　Cloud NAT を使用することで、内部 IP アドレスしか持たないリソー
スが外部からの通信を遮断しつつ、インターネットと通信可能にな
ります。

6　Cloud VPN

　「Cloud VPN」とは、オンプレミス環境や別のクラウドプロバイダのネット
ワークと VPC ネットワークをセキュアに接続するためのプロダクトです。IPsec
というプロトコルを使用して通信元の認証やデータの暗号化を行うことで、通
信の安全性を確保します。データの暗号化・復号は、各ネットワークに配置さ
れる「VPN ゲートウェイ」というリソースで行われます。この VPN ゲートウェ
イ間の通信路を「VPN トンネル」と呼びます。これにより、２つのネットワー
クが接続され、内部 IP アドレスを用いたセキュアな通信が可能になります。なお、
Cloud VPN は VPC ネットワーク同士を接続する際にも利用できます。
　Cloud VPN の料金は、「VPN ゲートウェイの数」に応じて発生します。この
料金は VPN ゲートウェイに接続されているトンネル数やロケーションによって
変動します。

[Cloud VPN 利用のイメージ]

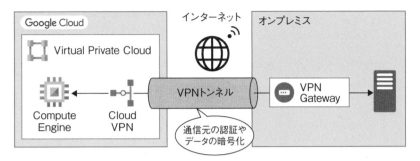

　ただし、Cloud VPN の通信はインターネットを経由するため、セキュリティ要件上インターネットを経由できない場合、Cloud VPN では要件を満たすことができません。また、帯域幅が最大 3Gbps であるため、それを超える帯域幅が必要な要件も満たすことができません。このようなケースに対応するため、物理的に専用線を設ける「Cloud Interconnect」というプロダクトが提供されています。

7　Cloud Interconnect

　「Cloud Interconnect」とは、高可用性で低レイテンシの接続を介して、オンプレミス環境や別のクラウドプロバイダのネットワークと VPC ネットワークをセキュアに接続するためのプロダクトです。

　Cloud Interconnect の通信も Cloud VPN と同様に内部 IP アドレスを使用します。また、通信がインターネットを経由しないため、よりセキュアに Google Cloud へアクセス可能です。Cloud Interconnect では、「Dedicated Interconnect」と「Partner Interconnect」の 2 つのオプションが提供されています。

試験対策　通信がインターネットを経由できない場合には、Cloud VPN ではなく、Cloud Interconnect を選択する必要があることを覚えておきましょう。

[Cloud Interconnect のオプション]

種類	帯域幅	説明
Dedicated Interconnect	10Gbps ～ 100Gbps	オンプレミス環境のネットワークと、Google 独自のネットワークを物理的に直接接続

Partner Interconnect	50Mbps ～ 50Gbps	オンプレミス環境のネットワークを、サービスプロバイダを介して Google 独自のネットワークに直接接続

[Cloud Interconnect 利用のイメージ]

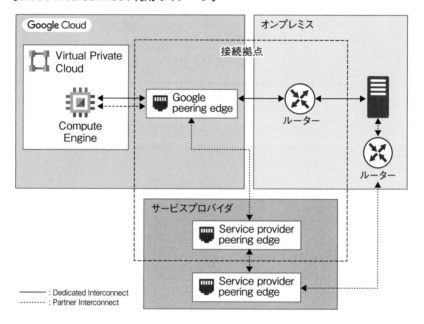

ユーザー所有のルーターを Google 独自のネットワークの接続拠点（以下、接続拠点）へ直接配置できる場合や、50Gbps 以上の帯域幅が必要な場合は、Dedicated Interconnect が適しています。なお、接続拠点に配置するルーターは、Google が定める技術的な要件を満たしている必要があります。ルーターに送られた通信は、Google 独自のネットワークへの接続ポイント（Google peering edge）を経由して VPC ネットワーク内のリソースに転送されます。

オンプレミス環境と接続拠点の距離が地理的に離れていて、ユーザー所有のルーター配置ができない場合は、Partner Interconnect が適しています。オンプレミス環境に配置されたルーターからの通信は、サービスプロバイダのネットワークへの接続ポイント（Service provider peering edge）を経由して VPC ネットワーク内のリソースに転送されます。

Cloud Interconnect の料金は「ネットワーク接続の回線数」に応じて発生します。この料金は回線に設定する帯域幅によって変動します。

Cloud Interconnect のオプションにおける帯域幅や通信経路の違いについて覚えておきましょう。

また、これらの他にも「ピアリング」という接続方法も用意されています。内部 IP アドレスでの通信が必須ではなく、Google が提供する API や Google Workspace アプリケーションにのみアクセスできればよい場合に適しています。ピアリングにも Google 独自のネットワークに直接接続する「**ダイレクトピアリング**」と、サービスプロバイダを経由して接続する「**キャリアピアリング**」という 2 つのオプションが提供されています。

8　まとめ

本節では、ネットワークに関する Google Cloud プロダクトを紹介しました。これまで紹介した各プロダクトの特徴を次の表にまとめます。

[ネットワークに関するプロダクト一覧]

プロダクト名	特徴
Virtual Private Cloud (VPC)	サブネットを自由に作成できるグローバルなプライベートネットワークを提供
Cloud Load Balancing	多様な要件に沿って選択可能な複数の負荷分散サービスを提供
Cloud CDN	画像や動画などの静的コンテンツをキャッシュして、高速に配信するためのネットワークを提供
Cloud DNS	Google が管理する DNS サーバーを用いた、高性能な名前解決サービスを提供
Cloud NAT	Google Cloud 内部のリソースをインターネットに公開することなく、外部向けの通信を可能にする機能を提供
Cloud VPN	VPC ネットワークと別のネットワークをセキュアに接続する VPN トンネルを提供
Cloud Interconnect	物理的な専用線を使用し、VPC ネットワークと別のネットワークをセキュアに接続する機能を提供

Google Cloud では、「Operations suite（旧名：Stackdriver）」という大規模なサービスを運用するために役立つプロダクト群が提供されています。本節では、Operations suite に含まれる各プロダクトについて説明します。

1 Cloud Logging

「Cloud Logging」とは、<u>ログの表示・保管・検索・分析が可能なログ管理システム</u>です。Google Cloud のリソースが作成・削除された際、自動的に Cloud Logging がログを収集します。また、自身で構築したアプリケーションやオンプレミス・他のクラウドプロバイダのリソースから生じたログも収集できます。

2-3 節で監査ログの機能について説明しましたが、その中で Cloud Logging の機能も一部説明しました。ここでは、2-3 節で述べた内容を含め、Cloud Logging のログ収集の仕組みについて詳しく説明します。収集されたログは、まずログルーターというリソースに受け渡されます。ログルーターでは**シンク**と呼ばれるルールを設定することで、指定された宛先にログを転送します。デフォルトでは、組織・フォルダ・プロジェクトごとに自動で作成される「_Required」と「_Default」という 2 つのログバケットが、ログの宛先として設定されています。これらのログバケットとは別に、任意のプロジェクトで作成した「ユーザー定義のログバケット」を宛先として設定することもできます。

また、Cloud Logging のログストレージ以外にも Cloud Storage、BigQuery、Pub/Sub をログの宛先として設定できます。ログを低価格で長期間保管する場合には Cloud Storage、保管されたログに対して SQL を用いたデータ分析をしたい場合には BigQuery、Google Cloud 外のサードパーティ製ツールでログを保管したい場合には Pub/Sub が適しています。

試験対策 ログルーターで選択できる宛先とその特徴を覚えておきましょう。

[Cloud Logging のイメージ]

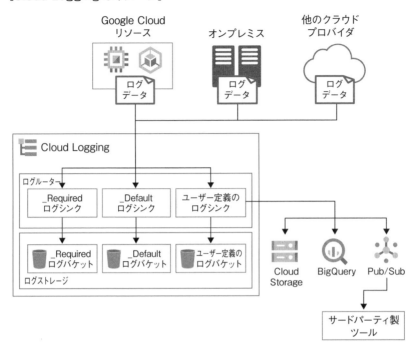

● 主な機能や特徴

Cloud Logging には、次のような機能や特徴があります。

●Cloud Logging の操作

収集されたログの表示や検索をするためには「ログエクスプローラ」や「Log Analytics」が使用できます。これらの操作方法の特徴は、次の通りです。

[Cloud Logging の操作方法]

種類	クエリ言語	ユースケース
ログエクスプローラ	Cloud Logging 用の クエリ言語	・サービス / アプリケーションの トラブルシューティング ・サービス / アプリケーションの パフォーマンス分析
Log Analytics	SQL	・ログの集計や分析

●ログを収集する手段

ログを収集する手段は、対象となるサービスによって異なります。ここでは、代表的な例として「Compute Engine インスタンス」と「GKE クラスタ」の場合について説明します。

・Compute Engine インスタンスの場合

Compute Engine インスタンスのログを収集するには、**Ops エージェント**というエージェントが必要です。このエージェントをインスタンスにインストールすると、標準のシステムログ (Linux の /var/log/syslog、/var/log/messages や、Windowsのイベントログ)を収集できます。また、サポートされているサードパーティ製アプリケーション (nginx など) からもログを収集するように構成できます。

・GKE クラスタの場合

GKE クラスタのログを収集する手段としては、「Cloud Operations for GKE」という機能が提供されています。この機能はクラスタ作成時にデフォルトでCloud Logging との統合が有効となり、クラスタに関するどのログを Cloud Logging に送信するかを制御できます。

2	Cloud Monitoring

「**Cloud Monitoring**」とは、<u>パフォーマンス指標（以下、指標）を収集して保管するモニタリングのプロダクト</u>です。Google Cloud で提供されるほとんどのプロダクトは Cloud Monitoring と統合されており、自動的に指標が収集されます。また、オンプレミス環境や他のパブリッククラウド環境で実行されているアプリケーションからシステムやアプリケーションに関する指標を収集することも可能です。

収集された指標は、Cloud Monitoring が提供するダッシュボードで一元的に閲覧できます。また、収集された指標に基づいて、指定したしきい値を超えたらアラートを通知する機能や、リソースが正常に動作しているか確認する稼働時間チェックの機能などが利用できます。このような機能を活用することにより、サービスの負荷の把握と、サービスが正常に機能しているかの確認ができます。

[Cloud Monitoring のイメージ]

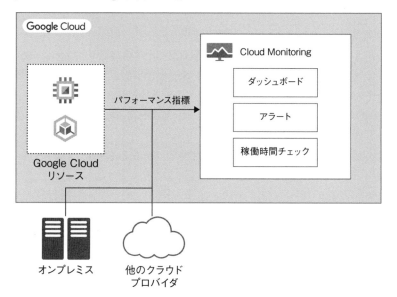

● 主な機能や特徴

Cloud Monitoring には、次のような機能や特徴があります。

●指標（メトリクス）のタイプ

Cloud Monitoring で収集できる指標には、Google Cloud 側で事前に定義された**組み込み指標**と、ユーザー側で任意に作成できる**カスタム指標（ユーザー定義指標）**の2種類が利用できます。それぞれの特徴は次の通りです。

・組み込み指標

代表的な組み込み指標の1つとして、ユーザーが何も設定しなくても自動的に収集される「Google Cloud サービスの指標」があります。この指標には、Compute Engine インスタンスの CPU 使用率や、Cloud Storage バケット内のオブジェクト数など、一般的な指標が含まれています。

・カスタム指標（ユーザー定義指標）

カスタム指標を作成することで、組み込み指標では定義されていない情報についてモニタリングできます。組み込み指標では、Google Cloud リソース内で稼働しているアプリケーション固有のデータなどを確認できません。カスタム指標

を利用することで、より厳密にアプリケーションにかかる負荷を測定できます。例えば、ある特定の処理が何回呼び出されたか、ある特定の処理にどれくらい実行時間がかかったか、といった指標を作成できます。また、カスタム指標には Cloud Logging で収集したログに基づく**ログベースの指標**や、OpenCensus という指標収集のためのオープンソースのツールを利用した **OpenCensus 指標**などを作成可能です。

●ダッシュボード

　Cloud Monitoring によって収集された指標は、**Google Cloud ダッシュボード**を使用することで表示・分析できます。Google Cloud のリソースに関しては、リソースが作成されるタイミングで、それに対応するダッシュボードが自動的に作成されます。例えば、Compute Engine インスタンスを新規で作成した場合、インスタンス自体とインスタンスに紐づく永続ディスクのダッシュボードが自動的に作成され、指標が閲覧可能になります。

　自動的に作成されて利用できる Google Cloud ダッシュボードの他にも、表示するデータや表示形式（折れ線グラフ、積み上げ面グラフなど）を指定できる**カスタムダッシュボード**も作成できます。

●アラート

　Cloud Monitoring では、「アラートの条件」と「アラートの通知方法」を定義してアラートポリシーを作成します。例えば、Compute Engine インスタンスに接続された永続ディスクの使用可能な領域が 10% 未満であることを条件として、指定した Slack チャンネルにアラートを通知するように構成できます。これにより、システム全体やリソースごとの異変を迅速に把握でき、予期せぬシステム障害の発生を未然に防ぐことができます。

　また、アラートポリシーにはメールや Slack、Webhook など複数の通知方法を含めることができます。通知方法を 1 つしか設定していない場合、その通知先に障害が発生してしまうと、正常にアラートが通知されない可能性があります。このようなリスクを排除するために、Google Cloud では複数の種類の通知方法を設定しておくことが推奨されています。

試験対策　アラートの通知方法は複数の種類で設定することが推奨されていることを覚えておきましょう。

●稼働時間チェック

　稼働時間チェックとは、Google Cloud リソースに対する外形監視の機能です。各リソースが正常に動作しているか判断するため、リソースへのリクエストを任意の間隔で送信するように構成できます。リクエスト送信時に使用するプロトコルは「HTTP(S)」と「TCP」が利用できます。

　また、稼働時間チェックとアラートポリシーを併用することで、リソースからの応答がなかった場合にアラートを通知することも可能です。

●指標を収集する手段

　指標を収集する手段は、対象となるサービスによって異なります。ここでは代表的な例として、Compute Engine インスタンスと GKE クラスタの場合について説明します。

・Compute Engine インスタンスの場合

　Compute Engine インスタンスでは、Google Cloud の組み込み指標に加えて、**Ops エージェント**の指標を収集できます。Cloud Logging と同様に、インスタンスに Ops エージェントをインストールすることで、メモリやディスク使用率などの重要な指標を追加で収集できます。ただし、監視対象インスタンスから Cloud Monitoring に送られる指標データの量に応じて料金が発生します。そのため、多くのインスタンスを監視する際は注意が必要です。なお、一部の指標については無料で利用できます。

・GKE クラスタの場合

　GKE クラスタの指標を収集する手段としては、「Cloud Operations for GKE」という機能が提供されています。Cloud Logging と同様に、この機能はクラスタ作成時にデフォルトで Cloud Monitoring との統合が有効となり、クラスタに関するどの指標を Cloud Monitoring に送信するかを制御できます。また、Cloud Operations for GKE 専用のダッシュボードも提供されており、効率的なモニタリングが可能です。

「Cloud Trace」とは、アプリケーションがリクエストを処理する時間を測定するためのトレース機能を提供するプロダクトです。Cloud Trace でトレースデータを測定できるようにアプリケーションのコードを構成すると、Google Cloud コンソール上でリクエストの処理時間や通信遅延などに関するデータを閲覧できるようになります。このデータには通信遅延を短縮するために役立つパフォーマンスの分析情報も含まれているため、アプリケーションのパフォーマンスにおける問題の特定に役立ちます。

　アプリケーションのトレースデータの送信には、専用のクライアントライブラリや API など様々な方法がサポートされていますが、Cloud Trace では「OpenTelemetry」の使用が推奨されています。アプリケーションの実行基盤が複数のロケーションに分散している場合、トレースデータの収集は非常に複雑になります。OpenTelemetry は、このような分散されたアプリケーションにおけるトレースデータの収集に適したオープンソースのツールです。

試験対策　Cloud Trace は、アプリケーションがリクエストを処理するのにかかる時間を可視化し、通信遅延を短縮するために役立ちます。

参考　トレースデータの送信には、OpenTelemetry やクライアントライブラリのほか、「OpenCensus」を使用することも可能です。ただし、OpenTelemetry は OpenCensus の後継として登場したものであるため、OpenCensus ではなく OpenTelemetry の使用が推奨されています。

「Cloud Profiler」とは、本番環境でのアプリケーションのパフォーマンス情報を継続的にプロファイル（収集、分析）する機能を提供するプロダクトです。テスト環境を用いてアプリケーションのパフォーマンスを測定しても、本番環境での負荷を予測して再現することは非常に困難です。パフォーマンスの向上

やコスト削減のためには、本番環境においてパフォーマンスを継続的にプロファイルし、アプリケーションがCPUやメモリなどのリソースをどのように使用しているかを確認することが効果的です。そこでCloud Profilerを用いれば、プロファイルで発生する負荷が非常に少ないため、アプリケーションのパフォーマンスへの影響がほとんどない状態で運用することができます。

　Cloud Profilerで収集される情報では、処理の開始から終了までに費やした時間や、プロファイルのために割り当てられたすべてのメモリの量などが確認できます。また、情報源であるソースコードも併せて確認できるため、どの部分が最もリソースを消費しているのか容易に特定できます。

試験対策　Cloud Profilerは、継続的なアプリケーションのプロファイルによって負荷を正確に把握するために役立ちます。

5　まとめ

　本節では、運用に関するGoogle Cloudプロダクトを紹介しました。これまで紹介した各プロダクトの特徴を次の表にまとめます。

[運用に関するプロダクト一覧]

プロダクト名	特徴
Cloud Logging	各リソースから収集したログを保管し、クエリによるログの表示・検索・分析を行うことが可能なログ管理システム
Cloud Monitoring	各リソースから指標を収集し、ダッシュボード・アラート・稼働時間チェックなどの機能を用いてリソースのモニタリングを行うことが可能
Cloud Trace	アプリケーションのリクエスト処理時間をトレースし、通信遅延の短縮に役立つパフォーマンスの分析情報を提供
Cloud Profiler	本番環境のアプリケーションへの影響がほとんどない状態で運用できるパフォーマンスのプロファイル機能を提供

第5章　ネットワーキングと運用

Infrastructure as Code

Google Cloud のリソースは Google Cloud コンソール上から手軽に作成できますが、Google Cloud に不慣れであったり、複雑な構成であったりする場合には、リソースの作成に労力や時間がかかることもあります。本節では、Google Cloud リソースの作成や管理に役立つツールについて説明します。

1 Infrastructure as Code（IaC）とは

Infrastructure as Code（IaC）とは、サーバーやネットワークなどを含むIT 基盤の構成をコード化して、リソースを作成・管理するための手法です。大規模システムにおける基盤の構築には、ソフトウェアのインストールや設定などを含めると非常に時間がかかります。また、システムのアップデートや構成変更があった場合、現状の構成を再構築することが困難になります。このような問題の解消に役立つのがIaC ツールです。IaC を利用することで、IT 基盤を構成するリソースの作成を自動化でき、リソース構成に変更があった場合でも、構成ファイルのコード修正で対応できるため、IT 基盤の作成・管理に役立ちます。

　IaC を使うと、リソース全体をコードで管理しているため、環境の複製も容易に行えます。例えば、テスト環境で作成したリソース構成を本番環境に複製する場合、プロジェクトの指定を本番環境に変更するだけで実施できます。これにより、誰でも環境を構築可能になり、各環境における構成に差異が発生することを防ぐことができます。

[IaC を利用した IT 基盤構築の流れ]

リソース構成を
コードで記載

IaCツールで
コード実行

IT基盤
の構築完了

　ここからは、Google Cloud において利用されている IaC ツールや、IaC ツールを利用するために役立つ機能について説明します。

2　Deployment Manager

　「Deployment Manager」とは、Google Cloud リソースを作成・管理するための IaC ツールです。YAML 形式でリソースの構成を記載します。また、同じような設定のリソースを何度も作成する場合には、それらのリソース間で共通する部分をテンプレートとして保存できます。テンプレートファイルは、Python または Jinja2 形式で記載します。構成ファイルとテンプレートを併用することで、より柔軟にリソースの管理が可能になります。

　Google Cloud リソースを作成・管理するために使用される IaC ツールには様々な種類がありますが、「Terraform」という HashiCorp 社が提供している IaC ツールもよく利用されています。Terraform では、Google Cloud リソースのみではなく、その他クラウドプロバイダのリソースも作成できます。各リソースを作成するには、HCL（HashiCorp Configuration Language）という独自言語でリソースの構成ファイルを記述する必要があります。

3　Cloud Foundation Toolkit

　「Cloud Foundation Toolkit」とは、IaC を利用して Google Cloud リソースを作成・管理するために用意されたオープンソースのテンプレート一覧です。Google Cloud におけるベストプラクティスが反映されたテンプレートを使用できるため、実用的なリソース構成を構築できます。Cloud Foundation Toolkit では、「Deployment Manager」と「Terraform」で使用できる 2 種類のテンプレートが用意されています。

　テンプレートを用いてリソースを作成することで、Google Cloud での IT 基盤を迅速に構築できます。エンタープライズシステムに求められる、主要なセキュリティやガバナンスの管理に必要な要件も満たしています。テンプレートを利用者のニーズに合わせてカスタマイズすることも可能です。

第5章　ネットワーキングと運用

4   Config Connector

「Config Connector」とは、Google Cloud リソースを管理するために提供されている Kubernetes の拡張機能です。マニフェストを用いて Kubernetes のオブジェクトを作成するのと同じ方法で、Google Cloud リソースを作成できます。また、リソース作成時にマニフェストへ記載した構成情報と、作成したリソースの構成が異なる場合、自動でマニフェストに記載した通りの状態に復元します。これにより、Kubernetes オブジェクトと Google Cloud リソースの管理を一元化でき、開発者の負荷を軽減させることができます。

演習問題

1 現在、asia-northeast1 リージョン（東京）で VPC ネットワーク内に Compute Engine インスタンスを稼働させており、新たに asia-east1 リージョン（台湾）にインスタンスを作成することになりました。VPC のサブネット作成モードはカスタムモードを使用しています。2 つのインスタンスは内部 IP アドレスで相互に接続ができる必要があります。VPC ネットワークの設定について、最小限の作業で実現できる方法はどれですか。

    A.   新たに asia-east1 用の VPC ネットワークを作成し、asia-northeast1 の VPC ネットワークと VPC ネットワークピアリングを行う

    B.   共有 VPC を作成し、asia-east1 と asia-northeast1 の両方のインスタンスに内部 IP アドレスを割り当てる

    C.   新たに asia-east1 用のサブネットを作成し、作成したサブネットに asia-east1 のインスタンスを作成する

    D.   新たに asia-east1 用のサブネットを作成し、作成したサブネットに asia-east1 のインスタンスを作成した後、Cloud VPN で相互に接続する

2 Compute Engine インスタンスで稼働する Web サーバーを構築することを計画しています。Web サーバーは HTTPS を使用してインターネットに公開します。また、地理的冗長性を確保するため、2 つのリージョンにインスタンスを配置し、インスタンス間で負荷分散を行う想定です。このとき、Cloud Load Balancing のどのロードバランサを使用すればよいですか。

    A.   グローバル外部 HTTP(S) ロードバランサ

    B.   リージョン外部 HTTP(S) ロードバランサ

    C.   内部 HTTP(S) ロードバランサ

    D.   内部 TCP/UDP ロードバランサ

第 5 章　ネットワーキングと運用

3　オンプレミス環境のネットワークから VPC ネットワークに接続することを計画しています。また要件上、最大帯域幅を 3Gbps 担保する必要がありますが、それを超える帯域幅は必要ありません。接続方法として適切な選択肢はどれですか。

A.　Cloud NAT で内部 IP アドレスを外部 IP アドレスに変換して接続する

B.　Partner Interconnect を使用する

C.　限定公開の Google アクセスを使用する

D.　Cloud VPN を使用する

4　新たに Compute Engine インスタンスを作成しようとしたところ、インスタンスに割り当てる予定だった VPC ネットワークのサブネット「192.168.1.0/28」に使用可能な IP アドレスが残っていないことがわかりました。最小限の作業でこの問題を解決できる方法はどれですか。

A.　新たに VPC ネットワークを作成し、新しいインスタンスに割り当てる

B.　新たにサブネットを作成し、新しいインスタンスに割り当てる

C.　サブネットの CIDR ブロックを「192.168.1.0/27」に設定する

D.　サブネットの CIDR ブロックを「192.168.1.0/29」に設定する

5　Compute Engine インスタンスに構築したアプリケーションを DNS を使用して公開することを計画しています。アプリケーションを VPC ネットワーク内でのみ公開する場合、Google が推奨する最適な方法はどれですか。

A.　Cloud DNS の限定公開ゾーンにドメイン名と IP アドレスを登録する

B.　インスタンスに DNS サーバーを構築し、DNS サーバーにドメイン名と IP アドレスを登録する

C.　インスタンスの IP アドレスによる通信を許可するファイアウォールルールを VPC ネットワークに設定する

D.　Cloud NAT にアプリケーションの内部 IP アドレスを登録する

6 Compute Engine で稼働し、インターネットに公開されている Web アプリケーションについて、アプリケーションが稼働するリージョンと地理的に離れたユーザーから、応答の遅延が報告されています。この応答遅延を解決するためにはどのプロダクトを導入すればよいですか。

    A.   Cloud NAT

    B.   Cloud DNS

    C.   Cloud CDN

    D.   Cloud VPN

7 Compute Engine インスタンスを 2 つ作成しようとしています。2 つのインスタンスは、同じ組織内の異なるプロジェクトの VPC ネットワークに属しますが、内部 IP アドレスで相互に接続できる必要があります。また、会社のセキュリティ規定に準拠するため、できるだけセキュアな通信を確保する必要があります。どのように構成すればよいですか。

    A.   Compute Engine インスタンスに外部 IP アドレスを付与し、相互に通信する

    B.   VPC ネットワークピアリングを使用して、2 つの VPC ネットワークをピアリング接続する

    C.   ダイレクトピアリングを使用して接続する

    D.   Cloud NAT を使用して、内部 IP アドレスで通信を行う

8 あなたは Cloud Run で稼働している Web アプリケーションの開発者です。ユーザーからアプリケーションの応答が遅くなっているというフィードバックがあったため、アプリケーションの処理について調査する必要があります。応答遅延の原因を調査する方法として、適切な選択肢はどれですか。

    A.   実際に Web アプリケーションを使用し、ストップウォッチで処理時間を計測する

    B.   Cloud Trace を導入し、処理をトレースする

    C.   Cloud Logging で監査ログのシステムイベント監査ログを解析する

D. Cloud Monitoring で処理遅延を検知したらアラートを通知する
ように設定する

9 Compute Engine インスタンスで動作するアプリケーションを開発
しており、インスタンスに関する指標として、Cloud Monitoring
の組み込み指標よりも詳細な指標を必要としています。インスタン
スに関する詳細な指標を取得するための方法として、最小限の作業
で実現できる方法はどれですか。

A. Cloud Profiler で指標を収集する

B. インスタンスに関する指標を Google Cloud に送信するスクリプ
トをインスタンスで実行する

C. Cloud Monitoring のカスタム指標を構成する

D. インスタンスに Cloud Monitoring の Ops エージェントをインス
トールし、指標を収集する

10 システムを構成する複数のマイクロサービスが複数のプロジェクト
で稼働しています。各プロジェクトは 1 つのフォルダに集約されて
います。それぞれのマイクロサービスが出力するログを特定のプロ
ジェクトの BigQuery に集約させたい場合、どのように構成すれば
よいですか。費用と作業を最小限にする方法として適切なものを選
択してください。

A. ログを Pub/Sub で Dataflow ストリーミングパイプラインに送信
し、BigQuery に格納する

B. 各プロジェクトの「_Required」「_Default」のログバケットに格
納されたログファイルに対して、データ加工と BigQuery へのデー
タ格納の処理を行う Cloud Functions 関数を 1 日 1 回実行する

C. フォルダに集約シンクを作成し、マイクロサービスのログがログ
収集用プロジェクトの BigQuery に転送されるように設定する

D. 各プロジェクトで Cloud Logging のログシンクを作成し、マイ
クロサービスのログがログ収集用プロジェクトの BigQuery に転
送されるように設定する

11 Google Cloud でシステムを構築することを計画しています。Google Cloud のリソースは Infrastructure as Code で作成・管理します。Google Cloud のベストプラクティスに基づいたシステムを迅速に構築するためには、どのようにリソースを作成すればよいですか。

A. Terraform でリソースを作成・管理するため、HCL でリソース構成を記載する

B. Deployment Manager でリソースを作成・管理するため、YAML でリソース構成を記載する

C. Cloud Marketplace で提供されている適切なリソース構成のテンプレートを使用する

D. Cloud Foundation Toolkit で提供されている適切なリソース構成のテンプレートを使用する

第5章 ネットワーキングと運用

1 **C**

同一の VPC ネットワークで各リージョンにサブネットを作成し、各リージョンのインスタンスに割り当てる方法が正解です。VPC ネットワークはグローバルリソースであり、リージョンごとにサブネットを作成します。同じ VPC ネットワークであれば、内部 IP アドレスで相互に接続できます。

選択肢 A、B、D は次の理由により不正解です。

A. 新たに VPC ネットワークを作成する必要はありません。
B. 共有 VPC を使用する方法は多くの作業が必要となります。
D. 同一 VPC ネットワーク内のサブネット同士は、Cloud VPN がなくても内部 IP アドレスで相互に接続できるため、Cloud VPN の設定は不要です。

2 **A**

HTTPS を使用し、インターネットに公開され、2 つのリージョン間で負荷分散を行うという要件を満たすのは「グローバル外部 HTTP(S) ロードバランサ」です。

3 **D**

オンプレミス環境から VPC ネットワークに、最大帯域幅 3Gbps で接続するという要件を満たすのは、Cloud VPN を使用した接続方法です。また、Cloud VPN は暗号化によって、インターネット経由でもセキュアな通信を確保できます。

選択肢 A、B、C は次の理由により不正解です。

A. Cloud NAT は、外部 IP アドレスを持たないリソースがインターネットと通信するために使用するプロダクトです。今回の要件には当てはまりません。
B. Partner Interconnect を使用するとオンプレミス環境と VPC ネットワークを最大帯域幅 50Gbps で接続できます。今回は必要な最大帯域幅が 3Gbps でありそれを超える帯域幅は必要ないため、

今回の要件には当てはまりません。

C. 限定公開の Google アクセスは、外部 IP アドレスを持たないリソースが Google のサービスや API へアクセスする際に使用する機能です。今回の要件には当てはまりません。

4 C

サブネットの CIDR ブロックを「192.168.1.0/27」に拡張することで、使用可能な IP アドレスを増やすことができます。
選択肢 A、B、D は次の理由により不正解です。

A. 新たに VPC ネットワークを作成する必要がありません。
B. 新たにサブネットを作成しなくても、CIDR ブロックの拡張で対応できます。
D. 「192.168.1.0/29」はサブネットの CIDR ブロックを縮小する設定です。VPC ネットワークのサブネットの CIDR ブロックは縮小できない点に注意してください。

5 A

Cloud DNS の限定公開ゾーンを使用することで VPC のような閉域ネットワーク内で名前解決を提供できます。限定公開ゾーンにドメイン名と IP アドレスを DNS レコードとして登録することで、アプリケーションを公開できます。

6 C

Cloud CDN を導入すると、Web アプリケーションのリクエスト元のユーザーからできる限り近い位置にコンテンツをキャッシュし、応答遅延を抑えることができます。

7 B

VPC ネットワークピアリングは同じプロジェクト、同じ組織の異なるプロジェクト、または異なる組織の異なるプロジェクト同士の VPC ネットワークを接続することができます。VPC ネットワークから別の VPC ネットワークにインターネットに非公開で接続が可能なためセキュアな通信が可能です。
選択肢 A、C、D は次の理由により不正解です。

第 **5** 章 ネットワーキングと運用

A. 内部 IP アドレスで相互に接続できる必要があるという要件を満たしていません。

C. ダイレクトピアリングは VPC ネットワーク同士を接続する機能ではありません。

D. Cloud NAT は VPC ネットワーク同士を接続する機能ではありません。

8 B

Cloud Trace を使用することで、アプリケーションの処理遅延に関する情報を取得でき、処理遅延の原因調査に役立ちます。

9 D

Cloud Monitoring の Ops エージェントはインスタンスに関する詳細な指標（メモリ使用率、ディスク使用量など）を収集するアプリケーションで、インスタンスにインストールする形で使用します。
選択肢 A、B、C は次の理由により不正解です。

A. Cloud Profiler はアプリケーションのパフォーマンスに関する指標を収集するプロダクトです。インスタンスの詳細な指標を収集するという要件には当てはまりません。

B. インスタンスでスクリプトを実行するのは、作業を最小限にするという要件を満たしません。

C. カスタム指標は、ユーザーがアプリケーション固有のデータやログなどを使用して作成する指標のことです。インスタンスに関する詳細な指標を収集することには向いていません。

10 C

特定のログをログ収集用プロジェクトの BigQuery に転送する設定をした集約シンクをフォルダに紐づけることで、設問の要件を満たすことができます。選択肢 D の方法もログを集約させることができますが、選択肢 C の方が作業を最小限にできます。

11 D

Cloud Foundation Toolkit は IaC によるリソース管理のテンプレートを利用できるプロダクトで、提供されているテンプレートは Google Cloud のベストプラクティスが反映されています。

Google Cloud

Associate Cloud Engineer

第6章

サービス・プロダクトの
選択と構成

6-1 最適な選択と構成についての考え方

本章では、Google Cloud の各プロダクトをどのような場面でどのように使えばよいのかについて説明します。本節では、プロダクトを選択する際の基本的な考え方について説明します。

1 プロダクトの選択の基本的な考え方

システムやアプリケーションを構築するにあたって、Google Cloud のどのプロダクトを使用するかは、システムの要件や予算など、様々な要素から判断する必要があります。ここでは、プロダクトの選択の判断基準として、「プロダクトの適性」「料金」「開発コスト」「運用コスト」について説明します。

● プロダクトの適性

Google Cloud が提供しているプロダクトにはそれぞれに適した使い方があります。適していない使い方をした場合、構築したアプリケーションや機能の性能を十分に発揮させることができない可能性があります。プロダクトそれぞれの適した使い方や特長を把握し、システムの要件と照らし合わせてプロダクトを選定します。

【適した使い方の例】

・コンテナの実行に適したプロダクト：Google Kubernetes Engine、Cloud Runなど
・大量のデータの処理に適したプロダクト：Dataflow、Dataprocなど

● 料金

プロダクトによって料金体系は異なります。料金を決定する要素として、インスタンスの起動時間、処理の実行時間、処理されたデータ量などが挙げられます。構築したいアプリケーションを本番運用した場合にどれくらいの料金がかかるかを Google Cloud Pricing Calculator（料金計算ツール）を使用して計算し、

予算に応じてプロダクトを選択します。

● 開発コスト

　Google Cloud のプロダクトにおいて、実装やデプロイが比較的簡単なもの、難しいものがそれぞれ存在し、開発の難しさは「開発コスト」と表現できます。開発コストが高いプロダクトの場合、設計・開発で考慮すべきポイントが増え、開発に必要なエンジニアの人数と期間が増えてしまいます。そのため、フルマネージドのプロダクトやサーバーレスのプロダクトなど、開発コストができる限り低いプロダクトを選択します。

● 運用コスト

　システムやアプリケーションを構築し、リリースした後、それらを運用するために様々な作業が必要になります。具体的には、サーバーマシンの OS のパッチ適用やデータのバックアップ、アプリケーションログの収集などが挙げられます。

　このような運用に必要な作業を、一般的に「運用コスト」と呼びます。運用コストが増えると人的コストもかかるため、システムの運営に支障が出る可能性も出てきます。プロダクトごとに運用コストは異なるため、プロダクトを選択する際はできる限り運用コストが抑えられるプロダクトを選択します。

第6章　サービス・プロダクトの選択と構成

コンピューティングプロダクトの選択と構成

第3章では Google Cloud で提供されているコンピューティングプロダクトの機能や特徴について説明しました。本節では、各コンピューティングプロダクトをどのような場面でどのように使えばよいのかについて説明します。

1 Compute Engine

Compute Engine は仮想マシンを提供するプロダクトであり、アプリケーションの実行基盤として最も柔軟性が高いプロダクトです。そのため、OS、CPU、メモリなど、アプリケーションの実行基盤を詳細に制御する必要がある場合は Compute Engine を使用します。

● Compute Engine のユースケース

●オンプレミス環境から移行する

オンプレミス環境で稼働しているアプリケーションを Google Cloud に移行する場合、Compute Engine が最も有力な候補となります。オンプレミス環境のアプリケーションは、CPU やメモリ、OS、特定のライセンスなど、様々な要件が存在することが多いため、アプリケーションの移行先として、コンピューティングプロダクトの中で最も柔軟性の高い Compute Engine が適しています。

●任意のアプリケーションを実行する

Compute Engine は仮想マシンを提供するため、様々なアプリケーションの実行に対応しています。サードパーティ製を含む任意のアプリケーションを実行する場合は、Compute Engine を選択します。

●ハードウェアを専有する

アプリケーションのセキュリティやコンプライアンス、ライセンスなどの要件によっては、実行基盤のハードウェアを専有する必要が出てきます。その場合、

Compute Engine の「単一テナントノード」の構成を検討します。単一テナントノードを使用することで、Google Cloud のデータセンターのハードウェアを専有し、専有したハードウェアの範囲でインスタンスを作成できます。

[単一テナントノードのイメージ]

通常

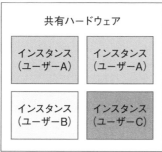

単一テナントノード

試験対策　アプリケーションの実行基盤の詳細な制御が必要な場合は、Compute Engine を選択します。

2　Google Kubernetes Engine

Google Kubernetes Engine（以下、GKE）は、Kubernetes を用いてコンテナアプリケーションを実行、運用するプロダクトであり、コンテナの自動スケーリング、高可用性といった機能や特徴があります。コンテナを使用する場合において、CPU、メモリ、ネットワークなどを詳細に制御する必要がある場合は、GKE を使用します。

● Google Kubernetes Engine のユースケース

●マイクロサービスを構築する

GKE はマイクロサービスの構築に適しています。例えば、マイクロサービスの各機能を実装したポッドを Kubernetes の Service でまとめ、クラスタ全体で

1つのマイクロサービスを構築するといった構成方法があります。

[GKEでマイクロサービスを構築する場合の例]

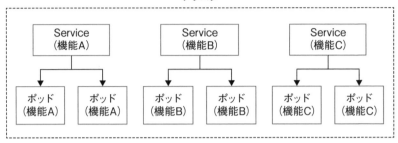

●機械学習の実行基盤

GKEの自動スケーリングなどの機能を活用することで、GKEを機械学習の実行基盤として使用できます。また、KubeflowなどGKEを機械学習の実行基盤として使うためのオープンソースを活用することで、基盤としてのGKEの運用を簡素化することもできます。

●オンプレミス環境から移行する

オンプレミス環境のアプリケーションをGoogle Cloudに移行する場合、Compute Engineが第一の選択肢となりますが、アプリケーションをコンテナ化できる場合、GKEを移行先として選択することもあります。

GKEは自動スケーリングや高可用性など、アプリケーションの実行基盤を強化できる機能や特徴を持ちつつ、CPUやメモリ、ネットワークなどを詳細に制御できる柔軟性も持ちます。そのため、オンプレミス環境からの移行において、GKEも有力な選択肢となります。

試験対策 柔軟で強力なコンテナ実行基盤が必要な場合や、コンテナの詳細な制御が必要な場合はGKEを選択します。

3 Cloud Run

Cloud Run は、コンテナをサーバーレスで実行できるプロダクトです。サーバーレスであるため、アプリケーションコードやコンテナイメージを用意すればアプリケーションを実行できます。また、Cloud Run にはトラフィック管理や自動スケーリングの機能があり、コンテナの運用に手間がかからない点に強みがあります。そのため、構築や運用の負荷をできる限り抑えてコンテナを実行したい場合は Cloud Run を使用します。

● Cloud Run のユースケース

● Web アプリケーションを実行する

コンテナをベースとした Web アプリケーションを実行する場合は、Cloud Run を使用します。Web アプリケーションの実行基盤として App Engine もありますが、Cloud Run はコンテナを使用するため、App Engine よりも柔軟性の高いアプリケーションの設計を行うことができます。

● AB テスト、カナリアリリースを行う

Cloud Run ではデプロイされた複数のリビジョン間でトラフィックの分割・移行を行うことができます。このトラフィックの管理機能により、アプリケーションの AB テスト、カナリアリリースを容易に実現できます。

試験対策 コンテナをサーバーレスで実行したい場合は、Cloud Run を選択します。

4 App Engine

App Engine は、Web アプリケーションやモバイルアプリケーションのバックエンドを簡単に実行・運用できるプロダクトです。そのため、アプリケーションの開発コストや運用コストをできる限り抑えたい場合に App Engine を使用します。

197

● App Engine のユースケース

●Web アプリケーションを実行する

App Engine では、アプリケーションコードと App Engine 用の設定ファイル の２つを用意するだけでアプリケーションを実行できます。App Engine のスタ ンダード環境の場合、Cloud Run と違ってコンテナを用意する必要がないため、 開発コストや運用コストを極力抑えたい場合に最適です。

●AB テスト、カナリアリリースを行う

Cloud Run と同様に、App Engine にはデプロイされたアプリケーションの複 数バージョン間でトラフィックを分割・移行できるトラフィック管理機能があ ります。そのため、アプリケーションの AB テストやカナリアリリースを容易に 実現できます。

試験対策 アプリケーションの開発・運用コストを最小限にしたい場合は、 App Engine を選択します。

5 Cloud Functions

Cloud Functions は、イベント駆動型の簡易的なコード（関数）をサーバー レスで実行できるプロダクトです。関数を起動させる「トリガー」が数多く用 意されており、Google Cloud 上の様々なイベントに関数を応答させることがで きます。そのため、イベントに応答するような処理を実行したい場合は Cloud Functions を使用します。

● Cloud Functions のユースケース

●ファイルへの操作をトリガーとする処理

「CSV ファイルが Cloud Storage にアップロードされたら、そのファイルの取 り込み処理を開始する」というような、ファイルへの操作をトリガーとする処 理を実現したい場合、Cloud Functions が最適です。

●IoT デバイスから送信されたデータを処理する

「IoT デバイスからデータが送信されたら、その都度データを処理する」とい
うような、IoT デバイスからのデータ送信をトリガーとする処理を実現したい場
合、Cloud Functions を使用できます。

[IoT デバイスから送信されたデータを処理する例]

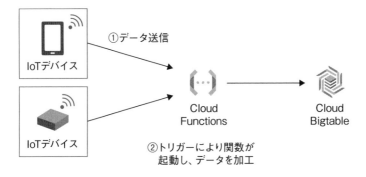

①データ送信

IoTデバイス

IoTデバイス

Cloud
Functions

Cloud
Bigtable

②トリガーにより関数が
起動し、データを加工

試験対策 イベント駆動型処理を実行する場合は、Cloud Functions を選択し
ます。

6 まとめ

　ここまで、各コンピューティングプロダクトをどのような場面でどのように
使えばよいのかについて説明しました。本節の最後に、コンピューティングプ
ロダクトの簡単な選定チャートを紹介します。

［コンピューティングプロダクトの選定チャート］

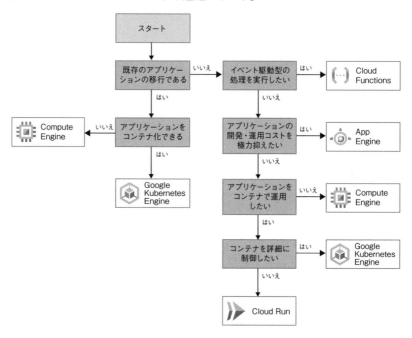

200

6-3　データベースプロダクトの選択と構成

第4章では構造化・半構造化データの格納先であるデータベースプロダクトの機能や特徴について説明しました。本節では、各データベースプロダクトをどのような場面でどのように使えばよいのかについて説明します。

1　Cloud SQL

Cloud SQL は、リレーショナルデータベースを提供するプロダクトです。Cloud SQL ではデータベースエンジンとして、「MySQL」「PostgreSQL」「SQL Server」の3種類が用意されています。これら3種類の汎用的なリレーショナルデータベースを使用したい場合は、Cloud SQL を選択します。

● Cloud SQL のユースケース

●リレーショナルデータベースを Google Cloud に移行する

オンプレミス環境や Google Cloud 以外のクラウド環境で実行されているリレーショナルデータベースを Google Cloud に移行する場合、Cloud SQL が移行先として第一の選択肢となります。移行方法として主に次のような方法があります。

・Google Cloudのプロダクト「Database Migration Service」を使用してデータベースを移行する
・移行元で作成したSQLダンプファイル（バックアップデータ）をCloud SQLにインポートする
・CSVファイルをCloud SQLにインポートする

●アプリケーションのデータベースとして使用する

Cloud SQL インスタンスは、GKE や Cloud Run、App Engine など、他の Google Cloud のプロダクトと簡単に接続することができます。また、インスタンスのメンテナンスやバックアップの自動化など、運用コストを軽減する機能

も豊富です。そのため、アプリケーションでリレーショナルデータベースが必要な場合、Cloud SQL は第一の選択肢となります。

[Cloud SQL を Web アプリケーションのデータベースとして使用する例]

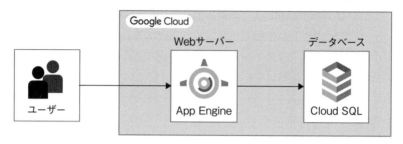

試験対策　汎用的なリレーショナルデータベースを使用したい場合は、Cloud SQL を使用します。

2　Cloud Spanner

Cloud Spanner は、複数リージョンをまたいだレプリケーション、水平スケーリングが可能であることを強みとした、リレーショナルデータベースを提供するプロダクトです。世界規模のレプリケーション、水平スケーリングなど、高い機能を持つリレーショナルデータベースが必要な場合は Cloud Spanner を使用します。

● Cloud Spanner のユースケース

●世界中で利用されるアプリケーションに使用する

アプリケーションのデータベースは、アプリケーションの処理速度を向上させるため、ユーザーと地理的に近いリージョンに配置することが推奨されます。Cloud Spanner は複数のリージョンにまたがったレプリケーションを行えるため、世界中で利用されるアプリケーションのデータベースとして最適です。

[複数リージョンにまたがるレプリケーションのイメージ]

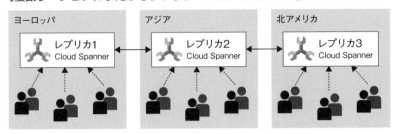

● リレーショナルデータベースを水平スケーリングする

　Cloud SQL など一般的なリレーショナルデータベースは、処理性能が不足した場合、垂直スケーリングやリードレプリカの導入を行います。しかし、垂直スケーリングには限界があり、リードレプリカの導入は読み取り性能は向上するものの、書き込み性能の向上は期待できません。

　Cloud Spanner は水平スケーリングが可能なため、処理性能の不足時に読み取りと書き込み両方の性能向上を図ることができます。このように、水平スケーリングが可能なリレーショナルデータベースを使用したい場合は Cloud Spanner を選択します。

試験対策

世界規模のレプリケーションや水平スケーリングが可能なリレーショナルデータベースを使用したい場合は、Cloud Spanner を使用します。

3　Cloud Bigtable

　Cloud Bigtable はフルマネージドの NoSQL データベースです。スケーリング性能が高く、大量のデータを高速に読み書きできる点に強みがあります。そのため、Cloud Bigtable は時系列データや IoT データなどの大量のデータを低遅延で高速に読み書きする場合に使用します。

● Cloud Bigtable のユースケース

● 時系列データを保存する

時系列データとは時間の経過に伴って変化するデータのことで、例として次のようなデータが挙げられます。

- コンピュータのCPU使用率やメモリ使用率
- 株価などの金融データ
- 気温や降水量などの気象データ
- IoTデバイスから送信されるデータ

時系列データの発生頻度によってはデータを高頻度でデータベースに保存する必要があり、データベースには高い書き込み性能が求められます。Cloud Bigtable はこのような時系列データの保存に適しています。

● 低遅延が求められるデータ処理を行う

前述の通り、Cloud Bigtable は大量のデータを低遅延で高速に読み書きすることができます。この特徴を活かして、低遅延が求められるデータ処理に Cloud Bigtable を使用します。例として、次のような場面で Cloud Bigtable を使用します。

- アドテクノロジー：ユーザーに最適なインターネット広告のデータを瞬時に取得する
- フィンテック：リアルタイムな金融データを迅速に取り込み、分析を行う

フィンテックの例のように、Cloud Bigtable はデータ分析用途のデータベースとしても使用できます。一方で、データ分析用途では、機能・運用を考慮すると Cloud Bigtable より BigQuery の方が適しているケースが大半です。データ処理・分析において、読み書きの性能に厳しい要件がある場合にのみ Cloud Bigtable の使用を検討します。

試験対策 大量のデータを低遅延かつ高速に読み書きしたい場合は、Cloud Bigtable を使用します。

●Apache HBase から Cloud Bigtable に移行する

Cloud Bigtable はオープンソースの「Apache HBase」と同じ API を使用しており、高い互換性があります。そのため、オンプレミス環境や Compute Engine で実行されている Apache HBase を Cloud Bigtable に移行できます。

Cloud Bigtable は Apache HBase を自分で管理する場合と比較して、スケーリング性能が高く、管理が簡素である点に強みを持つため、Apache HBase を自分で管理する必要性がない場合は Cloud Bigtable の使用が推奨されます。

4 Firestore

Firestore はドキュメント型の NoSQL データベースであり、高いスケーリング性能とクライアントから直接アクセスが可能な点に強みを持ちます。Firestore は Web・モバイルアプリケーションのデータベースとして使用します。

● Firestore のユースケース

●Web・モバイルアプリケーションで使用する

Firestore は Web・モバイルアプリケーション向けのライブラリが提供されており、アプリケーションのクライアントから Firestore に直接アクセスできます。そのため、Firestore は Web・モバイルアプリケーション用のデータベースとして利用しやすいものとなっています。

[クライアントから Firestore に直接アクセスするイメージ]

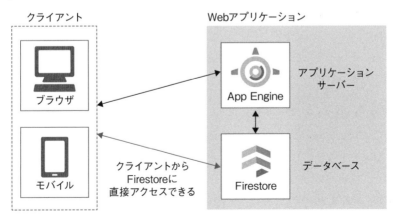

205

試験対策 Web・モバイルアプリケーション用のデータベースが必要な場合は、Firestore を使用します。

5　Datastore

　Datastore は Key-Value 型の NoSQL データベースであり、Web アプリケーション向けのデータベースを提供します。従来、Datastore は Cloud Datastore という独立したプロダクトでしたが、現在は Firestore の Datastore モードとして提供されています。

　既存の環境で Cloud Datastore を使用している場合や、Datastore API に対応したライブラリを使用したい場合は、Datastore を使用します。なお、新規でWeb・モバイルアプリケーションを開発する際は、Datastore よりも多くの機能を持つ Firestore の方が適している場合があります。アプリケーションの要件に応じて選択してください。

6　Memorystore

　Memorystore は、フルマネージドのインメモリデータストアを提供するプロダクトです。オープンソースの「Redis」と「Memcached」の実行に対応しており、要件に合わせて両者を使い分けます。インメモリデータストアは、SSDや HDD といったディスクをベースとしたデータベースと比較して読み書きの性能が高いという特徴があります。高速でリアルタイムなデータ処理が必要な場合は、Memorystore を使用します。

● Memorystore のユースケース

●データベースのキャッシュとして使用する

　ディスクをベースとしたデータベースに高頻度にアクセスされるデータがある場合、Memorystore をキャッシュとして使用することで、データの読み取りを高速化できます。

●ゲームのリーダーボードに使用する

　ゲームにおいて、プレイヤーのリーダーボード（順位表）はリアルタイムで進行するゲームの最新状況を反映する必要があります。Memorystore の Redis を使用すると、低遅延で高速なデータの読み書きにより、リアルタイムな情報を反映できるリーダーボードを構築できます。

 インメモリデータストアを使用したい場合は、Memorystore を使用します。

7　BigQuery

　BigQuery は、データウェアハウスを提供するプロダクトです。ペタバイト級の大容量データの保存・分析を行うことができる点や、様々な形式のデータを収集・保存・分析できる点に強みがあります。大容量データを保存し、分析を行う場合は、BigQuery が第一の選択肢となります。

　なお、第4章では「データベース」のプロダクトではなく、「データ分析」のプロダクトとして BigQuery を紹介しました。BigQuery はデータを保存するというデータベースの機能を持っており、BigQuery と他のデータベースプロダクトを比較するため、本章ではデータベースのプロダクトとして取り上げます。

● BigQuery のユースケース

●データ分析を行う

　BigQuery はデータ分析に関する様々な機能を持っています。データ分析において、BigQuery を次のように使用できます。

・SQLクエリを実行し、BigQuery上でアドホックにデータ分析を行う
・「BIツール」と呼ばれる外部の分析ツールとBigQueryを連携し、高度なデータ分析や可視化を行う
・「BigQuery ML」という機能を利用し、BigQueryのデータを使ってBigQuery上で機械学習モデルを作成する

参考 「アドホック分析」とは、目的に応じてその都度データ分析を行う手法のことです。

試験対策 データウェアハウスを構築したい場合は、BigQuery を使用します。

8 まとめ

　ここまで、各データベースプロダクトをどのような場面でどのように使えばよいのかについて説明しました。本節の最後に、データベースプロダクトの簡単な選定チャートを紹介します。

[データベースプロダクトの選定チャート]

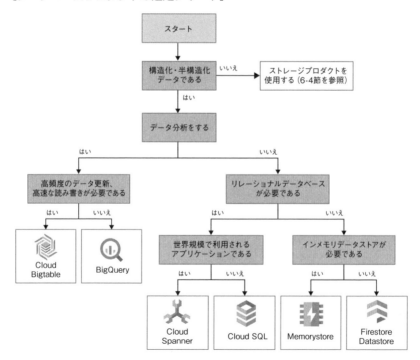

6-4　ストレージプロダクトの選択と構成

前節では構造化・半構造化データの格納先であるデータベースプロダクトについて説明しました。本節では、非構造化データの格納先であるストレージプロダクトを、どのような場面でどのように使えばよいのかについて説明します。

1　Cloud Storage

Cloud Storage は非構造化データを含む様々なデータを保存できるオブジェクトストレージを提供するプロダクトです。料金が低い、99.999999999%（イレブンナイン）の堅牢性、きめ細やかなアクセス制御が可能といった特徴があり、手軽で汎用的なストレージプロダクトです。大容量データを安価で保存できることから、Cloud Storage はストレージの第一候補となります。

● Cloud Storage のユースケース

●バックアップデータを保存する

Cloud Storage はバックアップデータの保存によく使用されます。バケットのロケーションタイプにデュアルリージョンやマルチリージョンを設定することで、バックアップデータに地理的冗長性を持たせることが可能です。

多くの場合、バックアップデータへのアクセスの頻度は高くないため、バケットのストレージクラスに Nearline ストレージや Coldline ストレージ、Archive ストレージを設定することで、料金を最適化できます。

●認証情報を持たないユーザーからのアクセスを許可する

Cloud Storage には、認証情報を持たないユーザーが期間限定でオブジェクトにアクセスできるようにする「署名付き URL」機能があります。この機能を利用することで、次のようなユースケースに対応できます。

・Googleアカウントを持っていないユーザーと一時的にデータを共有する
・有料会員限定のコンテンツを期間限定で無料で公開する

第6章　サービス・プロダクトの選択と構成

209

●コンテンツ配信用データを保存する

　Cloud Storage バケットのロケーションタイプにデュアルリージョンやマルチリージョンを選択することで、オブジェクトを地理的に冗長化させることができます。これにより、広い範囲に分散したユーザーに対してコンテンツを配信する場合、ユーザーから地理的に近いリージョンからデータを配信することで、低遅延のコンテンツ配信を実現できます。

　また、Cloud CDN などの CDN サービスを組み合わせることで、大規模なコンテンツ配信のシステムを構築することも可能です。

[音楽配信のイメージ]

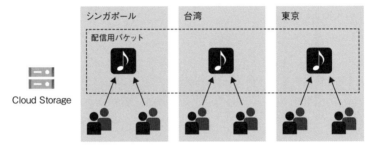

●静的 Web サイトをホストする

　「静的 Web サイト」とは、Web サイトのページが条件に応じた変化をしないサイトのことです。Web サーバーにある HTML ファイルをそのまま読み取って表示するため、いつ誰が Web サイトを見ても同じページが表示されます。このような静的 Web サイトに必要なデータを Cloud Storage にアップロードすることで、静的 Web サイトをホストすることができます。

　また、Cloud CDN や Cloud Load Balancing を組み合わせることで、キャッシュによる高速化や HTTPS への対応も可能です。

静的 Web サイトの他に「動的 Web サイト」も存在します。動的 Web サイトは、Web サイトにアクセスする時間や人など、様々な条件でページが動的に変化します。

試験対策
汎用的なストレージが必要な場合は、Cloud Storage を第一候補として考えます。

2　Filestore

Filestore はファイルストレージを提供するフルマネージドのプロダクトで、低遅延で高速な読み書きが可能であることを強みとしています。Compute Engine インスタンスや GKE クラスタなどからアクセス可能なネットワークストレージ（NAS）として使用できます。<u>ネットワークストレージを使用したい場合は、Filestore を選択します。</u>

● Filestore のユースケース

●ファイル共有をする

ネットワークストレージの特徴であるファイル共有を行いたい場合、Filestore を使用します。Filestore は複数のユーザーやアプリケーションでファイルを共有することができます。

［ファイル共有のイメージ］

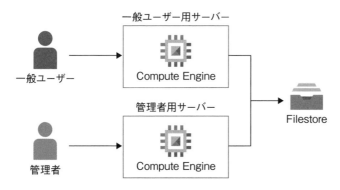

●オンプレミス環境のアプリケーションを移行する

Filestore は NFSv3 プロトコルを使用し、低遅延かつ高速な読み書きが可能なため、オンプレミス環境のローカルストレージと同様に扱うことができます。オンプレミス環境のアプリケーションを Google Cloud にリフト＆シフトする場合、ファイルの保管場所として Filestore は有力な選択肢となります。

第6章　サービス・プロダクトの選択と構成

試験対策　複数のアプリケーションやユーザー間でファイル共有を行う場合
は、Filestore を選択します。

3　永続ディスク

　永続ディスクは Compute Engine や GKE などで使用できるブロックストレー
ジのことです。Compute Engine インスタンスや GKE クラスタから永続ディス
クをマウントし、永続ディスクに直接アクセスできます。Compute Engine イ
ンスタンスや GKE クラスタでローカルのファイルシステムが必要な場合は、永
続ディスクを使用します。

試験対策　ローカルのファイルシステムが必要な場合は永続ディスクを選択し
ます。

4　まとめ

　ここまで、各ストレージプロダクトをどのような場面でどのように使えばよ
いのかについて説明しました。本節の最後に、ストレージプロダクトの簡単な
選定チャートを紹介します。

［ストレージプロダクトの選定チャート］

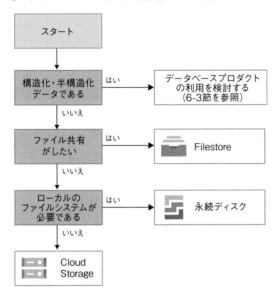

213

6-5 データ分析用プロダクトの選択と構成

第4章で紹介したデータ分析用のプロダクトのうち、Dataflow と Dataproc が似たプロダクトとして存在します。本節では、両者をどのような場面でどのように使えばよいのかについて説明します。

1 Dataflow

　Dataflow は主に ETL のようなデータ処理に使用するフルマネージドなプロダクトで、データ処理パイプラインを構築できます。Dataflow は自動スケーリングが行われるため、処理するデータの大きさや負荷に応じて水平スケーリングが行われ、大容量データを高速に処理できます。<u>大容量データを処理したい場合は、Dataflow を使用します。</u>

● Dataflow のユースケース

●バッチ処理のデータパイプラインを構築する

　バッチ処理の形式でデータを処理するデータパイプラインを Dataflow で構築できます。バッチ処理とは、大量のデータを一括で処理する処理形式のことです。例えば、1日1回 Cloud Storage に CSV ファイルがアップロードされたときに、Dataflow でファイルのデータを処理し、データを BigQuery に格納するといった処理ができます。

[バッチ処理の例]

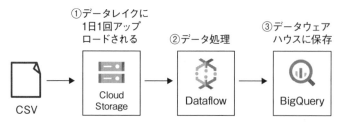

214

●ストリーミング処理のデータパイプラインを構築する

　ストリーミング処理のデータパイプラインも Dataflow で構築できます。ストリーミング処理とは、データが発生した際に、その都度データを処理する処理形式のことです。例えば、小売店のレジ端末から購買データが Pub/Sub 経由で次々と配信され、Dataflow で処理した後、BigQuery にデータを格納するといった処理ができます。

[ストリーミング処理の例]

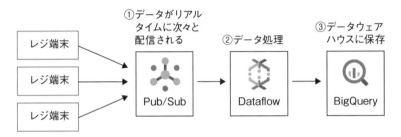

試験対策

大容量データを処理するデータパイプラインをフルマネージドなプロダクトで構築したい場合は、Dataflow を選択します。

2　Dataproc

　Dataproc は Apache Spark / Hadoop をフルマネージドで実行できるプロダクトで、大規模なデータを分散処理するデータパイプラインを構築することができます。既存の環境の Spark / Hadoop クラスタを Google Cloud に移行したい場合は Dataproc を使用します。一方で、新規でデータパイプラインを構築する場合は、運用がより手軽な Dataflow を使用することもあります。

● Dataproc のユースケース

●既存の Spark / Hadoop クラスタを移行する

　オンプレミス環境などで稼働している Spark / Hadoop クラスタを少ない手順で Dataproc に移行させることができます。

215

既存クラスタのHDFS（Hadoop分散ファイルシステム）の移行先は、Dataprocクラスタが稼働するインスタンスの永続ディスクか、Cloud Storageが選択肢となります。なお、データの可用性や料金の安さからCloud Storageの使用が推奨されています。Cloud Storageを使用する場合は、HDFSのURIのスキーム（接頭辞）を次のように変更することで対応できます。

変更前：hdfs://
変更後：gs://

試験対策　Apache Spark / Hadoopを使用したい場合はDataprocを選択します。

3　まとめ

　ここまで、各データ分析用プロダクトをどのような場面でどのように使えばよいのかについて説明しました。本節の最後に、データ分析用プロダクトの簡単な選定チャートを紹介します。

［データ分析用プロダクトの選定チャート］

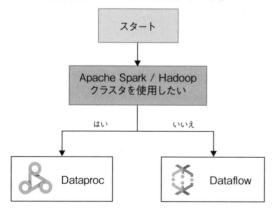

6-6　ネットワーキングプロダクトの選択と構成

Google Cloud では、オンプレミス環境や別のクラウドプロバイダのネットワークから Google 独自のネットワークに接続する方法が各種用意されています。本節では、どのような基準で各接続方法を選択すればよいかについて説明します。

1　ネットワークの接続方法について

オンプレミス環境や別のクラウドプロバイダのネットワークから Google 独自のネットワークに接続する方法を選択する際、次の3つについて考慮します。

・ インターネットを経由しても問題ないか
・ Google独自のネットワークに物理的に接続するための地理的・技術的要件を満たすか
・ Googleが提供するAPIやGoogle Workspaceのみにアクセスをするか

上記の3つを考慮し、次の5つの接続方法から最適な方法を選択します。

・ Cloud VPN
・ Cloud InterconnectのDedicated Interconnect
・ Cloud InterconnectのPartner Interconnect
・ ダイレクトピアリング
・ キャリアピアリング

それでは、各接続方法について説明します。

2　Cloud VPN で接続する

　Google 独自のネットワークに接続する際、インターネットを経由しても問題ない場合は、Cloud VPN を使用します。Cloud VPN は「IPsec」による暗号化を用いた VPN 接続を行うことができるプロダクトで、インターネットを経由して内部 IP アドレス間で接続できます。ただし、セキュリティ要件やコンプライアンス要件により、インターネットの経由を許容できない場合は次に紹介する Cloud Interconnect を使用します。

　また、Cloud VPN の帯域幅は上り・下り合計で 3Gbps となっており、比較的小規模なネットワークの接続に向いています。大規模なネットワーク接続を行う場合は、次に紹介する Cloud Interconnect が適しています。

試験対策	内部 IP アドレスを使用して、セキュアで小規模に Google Cloud へ接続する場合は、Cloud VPN を使用します。

3　Cloud Interconnect で接続する

　インターネットを経由せずに接続したい場合や大規模なネットワーク接続を行いたい場合は Cloud Interconnect を使用します。Cloud Interconnect には「Dedicated Interconnect」と「Partner Interconnect」の 2 つの接続方法が提供されています。

　Dedicated Interconnect は Google の接続拠点に接続用の機器を設置し、Google 独自のネットワークと物理的に接続する方法です。10Gbps 以上の大きな帯域幅を確保でき、大規模な通信を安定して行うことができます。ただし、Dedicated Interconnect を使用する場合、Google が提示する地理的・技術的要件をクリアした上で接続拠点に機器を設置する必要があります。

　一方で Partner Interconnect は、サービスプロバイダを介して接続する方法です。Dedicated Interconnect の要件を満たせない場合は Partner Interconnect を使用します。また、Partner Interconnect の帯域幅は 50Mbps 以上となっているため、Dedicated Interconnect ほどの大きな帯域幅を必要としない場合は

Partner Interconnect が適しています。

 インターネットを経由せずに Google Cloud に接続する場合は、Cloud Interconnect の Dedicated Interconnect か Partner Interconnect を使用します。

4 Google が提供する API や Google Workspace のみにアクセスする

　VPC ネットワークに接続せず、Google が提供する API や Google Workspace のみにアクセスする場合は、ピアリングによる接続を選択します。ピアリングは、Google の API や Google Workspace にインターネットからアクセスする場合と比較して、高速で安定的にアクセスできるというメリットがあります。ピアリングには「ダイレクトピアリング」と「キャリアピアリング」の2つの接続方法が提供されています。

　ダイレクトピアリングは、Google の接続拠点で Google Cloud と物理的に接続し、ピアリング接続を確立する方法です。一方でキャリアピアリングは、サービスプロバイダを介してピアリング接続を確立する方法です。ダイレクトピアリングの要件を満たせない場合はキャリアピアリングを使用します。

　なお、Google Workspace に接続する必要がない場合は、Google Cloud への接続は Cloud VPN や Cloud Interconnect を使用することが推奨されています。

5 まとめ

　本節ではオンプレミス環境や別のクラウドプロバイダのネットワークから Google 独自のネットワークに接続する方法について説明しました。本節の最後に、オンプレミス環境から Google 独自のネットワークに接続する際、どこに接続されるかを接続方法別に示したものと、ネットワークの接続方法の選定チャートを紹介します。

［ネットワーク接続のイメージ］

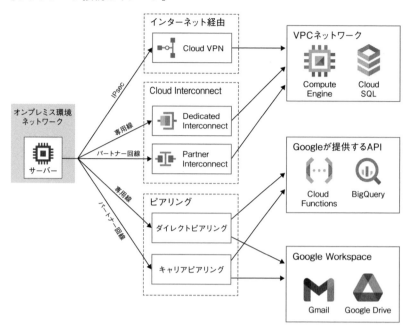

[接続方法の選定チャート]

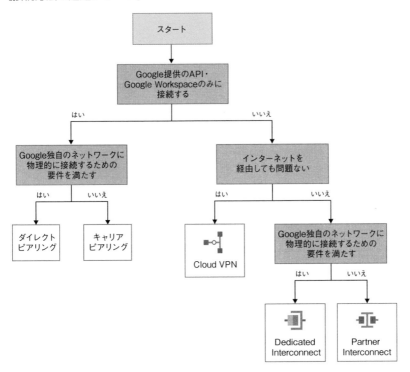

1 Node.js を利用した継続的に使用される Web アプリケーションを Google Cloud 上に構築することになりました。開発・運用コストを最小限に抑えることが要件となっています。アプリケーションの構築先として最適なプロダクトはどれですか。

    A.   App Engine

    B.   Compute Engine

    C.   Google Kubernetes Engine

    D.   Cloud Functions

2 Google Cloud 上でアプリケーションを開発しており、そのデータ層にはリレーショナルデータベースが必要です。開発中のアプリケーションは世界中で利用されることが想定されており、どの地域からアクセスしても処理の遅延が最小限になるようにしたいと考えています。リレーショナルデータベースとして最適なプロダクトはどれですか。

    A.   Cloud SQL

    B.   Cloud Storage

    C.   Cloud Spanner

    D.   Cloud Bigtable

3 オンプレミス環境にある Apache Hadoop クラスタを Google Cloud に移行することを計画しています。Hadoop クラスタは ETL 処理を行うデータパイプラインとして使用されています。移行にかかる作業や既存システムへの影響、移行後の運用コストを最小限に抑えるという要件があります。移行の方法として最適なものはどれですか。

A. Compute Engine インスタンスで Hadoop クラスタを稼働する

B. Cloud Run で ETL 処理を行うアプリケーションを実装する

C. Dataflow を使用して ETL パイプラインを実装する

D. Dataproc で Hadoop クラスタを稼働する

4 自社のデータセンターと Google Cloud の VPC ネットワークを接続することを計画しています。会社のセキュリティ規定により、トラフィックがインターネットを経由することはできません。また、時間帯によってアクセスが集中することが想定されており、システムの処理遅延を防ぐために十分な容量の帯域幅を確保したいと考えています。接続方法として適切なものはどれですか。

A. Cloud Interconnect の Dedicated Interconnect

B. Cloud Interconnect の Partner Interconnect

C. ダイレクトピアリング

D. Cloud VPN

5 Google Cloud で ETL 処理を行うデータパイプラインを開発しています。ファイルが 1 日 1 回の頻度で Cloud Storage にアップロードされるので、データ処理の後にデータベースへ保存します。ファイルのサイズは 20GB 程度で複雑なデータ処理が行われます。また、1 日 1 回程度、データベース上でデータ分析が行われることを想定しています。データパイプラインを構成するプロダクトの組み合わせとして最適なものはどれですか。

A. ファイルのアップロードをトリガーとして Cloud Functions で ETL 処理を行い、加工データを Cloud Bigtable に保存する

B. ファイルのアップロードをトリガーとして Cloud Functions で ETL 処理を行い、加工データを BigQuery に保存する

C. バッチ処理の形式を用いた ETL 処理を Dataflow で行い、加工データを Cloud Bigtable に保存する

D. バッチ処理の形式を用いた ETL 処理を Dataflow で行い、加工データを BigQuery に保存する

6

Google Cloud で稼働する Web アプリケーションを開発していま
す。開発の作業量や運用コストを最小限にすることが求められてい
ます。また、データベースには NoSQL 型データベースを採用した
いと考えています。要件を満たすことができるプロダクトの組み合
わせはどれですか。

A. Compute Engine の MIG でアプリケーションを実行し、
Memorystore をデータベースとして使用する

B. App Engine でアプリケーションを実行し、データベースとして
Firestore を使用する

C. Cloud Run でアプリケーションを実行し、データベースとして
Cloud Spanner を使用する

D. Google Kubernetes Engine でアプリケーションを実行し、デー
タベースとして Cloud Bigtable を使用する

7

あなたは自社で運営しているモバイルアプリケーションの開発者で
す。アプリケーションで使用している Cloud SQL のログを解析した
ところ、特定のレコードを頻繁に読み取っていることがわかったた
め、頻繁に読み取られているレコードの読み取り速度の向上を計画
しています。作業量を最小限に抑えつつ、頻繁に読み取られている
レコードの読み取り速度を向上させる方法として適切なものはどれ
ですか。(複数選択)

A. 頻繁に読み取られるデータを格納した Cloud Storage バケットを
アプリケーションのユーザーと地理的に近いリージョンに作成
し、バケットのデータを読み取るようにする

B. Cloud SQL のレプリケーションを有効化し、リードレプリカを作
成する

C. データベースを Cloud Spanner に移行し、水平スケーリングを
有効化する

D. Memorystore を導入し、キャッシュを利用する

8 自社のネットワークに接続されたコンピュータから Compute Engine インスタンスに接続しようとしています。自社のコンピュータと Compute Engine インスタンスはともに内部 IP アドレスが付与されており、セキュリティの観点から外部 IP アドレスを付与できません。Compute Engine インスタンスへの接続は小規模となる見込みです。通信はインターネット経由でも問題ありませんが、一定程度のセキュリティを担保したい場合、最適な接続方法はどれですか。

    A.   Cloud NAT

    B.   キャリアピアリング

    C.   Cloud VPN

    D.   Cloud Interconnect の Partner Interconnect

9 オンプレミス環境のシステムを Google Cloud に移行することを計画しています。システムの移行にかかる作業負荷は最小限にしたいと考えています。オンプレミス環境の NFS サーバーの移行先として適切なプロダクトはどれですか。

    A.   Filestore

    B.   Cloud Storage

    C.   Cloud SQL

    D.   Firestore

10 あなたは EC サイト運営会社のデータサイエンティストです。EC サイトの売上向上を目的として、EC サイトでどういったユーザーがどのような商品を購入したかなどの注文に関するデータをリアルタイムに収集・分析したいと考えています。データ分析には SQL を使用し、今後は機械学習による分析も行いたいと考えています。どのような方法が最適ですか。

    A.   注文データを管理する Cloud SQL 上で分析クエリを実行する

    B.   注文データを 1 日 1 回 BigQuery にエクスポートし、BigQuery で分析を行う

    C.   注文受注をトリガーとして、Cloud Functions で注文データの加工処理を実行し、Bigtable にデータを格納した後、Bigtable で分析を行う

第 **6** 章

サービス・プロダクトの選択と構成

D.　注文データを Pub/Sub 経由で随時 Dataflow に送信し、データ処理と BigQuery への格納を行った後、BigQuery で分析を行う

解答

1 A

App Engine は Web アプリケーションのサーバーレス実行環境です。
今回の場合、App Engine のスタンダード環境を選択することで、開発・
運用コストを最小限に抑えるという要件を満たすことができます。
選択肢 B、C、D は次の理由により不正解です。

B. Compute Engine はインスタンスの管理をユーザー自身が行わな
ければならず、App Engine と比べて運用コストが大きくなりま
す。
C. GKE ではクラスタの設定や管理をユーザー自身が行わなければ
ならない場面も多く、App Engine と比べると運用コストが大き
くなります。
D. Cloud Functions は、継続的に処理を行うアプリケーションの実
行ではなく、イベントに応じた一時的な処理を行う関数の実行
に使用するのが一般的です。

2 C

世界中で利用されるアプリケーションのリレーショナルデータベース
には Cloud Spanner が最適です。
選択肢 A、B、D は次の理由により不正解です。

A. Cloud SQL はリレーショナルデータベースのプロダクトですが、
世界規模のアプリケーションに向いていません。
B. Cloud Storage はオブジェクトストレージであり、リレーショナ
ルデータベースではありません。
D. Cloud Bigtable は NoSQL データベースであり、リレーショナル
データベースではありません。

3 D

Dataproc は Apache Hadoop のクラウド実行環境で、オンプレミスの
Hadoop クラスタの移行先として最適です。選択肢 A、B、C の場合、
移行にかかる作業や既存システムへの影響、移行後の運用コストを最
小限に抑えるという要件を満たすことができないため、不正解です。

4 A

オンプレミス環境のネットワークと VPC ネットワークとの接続にお
いて、インターネットを経由しない、十分な容量の帯域幅を確保す
るという 2 つの要件を満たすのは Cloud Interconnect の Dedicated
Interconnect です。
選択肢 B、C、D は次の理由により不正解です。

B.   Partner Interconnect はそれほど大きな帯域幅を必要としない場
     合に選択します。
C.   ダイレクトピアリングは VPC ネットワークへの接続に使用す
     ることを想定しておらず、Google Workspace や Google 提供の
     API への接続に使用します。
D.   Cloud VPN はオンプレミス環境のネットワークと VPC ネット
     ワークを接続することが可能ですが、インターネットを経由し
     ます。

5 D

ETL 処理基盤として、20GB のファイルのデータに対して複雑な処理
を行うことができるという要件を満たすのは Dataflow です。Cloud
Functions は時間のかかる複雑な処理を行うのには適していません。ま
た、データベースとして、1 日 1 回程度のデータ分析を行うことがで
きるという要件を満たすのは BigQuery です。Cloud Bigtable でもデー
タ分析はできるものの、今回は特に高い処理性能を必要としていない
ため不適当です。

6 B

Web アプリケーションの開発の作業と運用コストを最小限にする、
NoSQL 型データベースという要件を満たすのは、App Engine と
Firestore の組み合わせです。

7 B、D

Cloud SQL のリードレプリカの使用と Memorystore の導入は、頻繁に
アクセスされるデータの読み取り速度を向上させることが期待できま
す。
選択肢 A、C は次の理由により不正解です。

A. ユーザーに地理的に近い位置にバケットを作成したとしても、
高頻度の読み取りの速度向上は期待できません。
C. Cloud Spanner への移行に多くの作業が必要であり、作業量を最
小限に抑えるという要件を満たせません。

8 C

オンプレミス環境のコンピュータから Compute Engine に接続する方
法として要件を満たすのは、Cloud VPN です。インターネット経由で
ありつつも内部 IP アドレス同士でセキュアな通信を行うことができま
す。
選択肢 A、B、D は次の理由により不正解です。

A. Cloud NAT は外部 IP アドレスを持たないリソースがインター
ネットと通信するために使用するプロダクトです。2 つのネット
ワーク同士を接続するためのプロダクトではありません。
B. キャリアピアリングは VPC ネットワークへの接続に使用するこ
とを想定しておらず、Google Workspace や Google 提供の API
への接続に使用します。
D. Partner Interconnect は内部 IP アドレス同士のセキュアな通信を
行えるものの、大規模なネットワーク接続を想定したプロダク
トです。今回は小規模な接続であり、インターネットの経由を
許容できるため、Cloud VPN が最適な選択肢となります。

9 A

NFS サーバーに対応したプロダクトは Filestore であり、オンプレミス
環境のファイルサーバーの移行先として最適です。選択肢 B、C、D は
NFS サーバーを構築することはできないため、不正解です。

10 D

注文データをリアルタイムに収集・分析する、SQL を使用する、機械学習を行うという要件を満たすのは、選択肢 D のストリーミング処理のデータパイプラインです。Pub/Sub、Dataflow、BigQuery という組み合わせはストリーミングパイプラインの代表的な例です。

選択肢 A、B、C は次の理由により不正解です。

A. 注文データを管理する Cloud SQL ではなく、データ分析専用のデータウェアハウスを新たに構築することが必要です。

B. 注文データをリアルタイムに収集・分析するという要件を満たしません。

C. Cloud Bigtable は SQL を使用できないため、SQL を使用するという要件を満たしません。

Google Cloud

Associate Cloud Engineer

第7章

Google Cloudの運用に
おけるポイント

7-1　運用におけるポイント

7-1 運用におけるポイント

Google Cloud 上でシステムを運用するにあたり、数多くのポイントがあります。本節では、Google Cloud 上でシステムを運用していく上で役に立つポイントについて説明します。なお、運用のポイントとして整理したため、一部これまでに説明した内容を含んでいます。

1 基本情報

● API を有効にする

Google Cloud を使用する上で、初めてリソースを使う際には、必要な API を有効にする必要があります。これは、Google Cloud 上で利用可能な多くの機能にアクセスするための手順の一部です。

Google Cloud で API を有効にするには、Google Cloud コンソールにログインして、API とリソースを検索して有効化する必要があります。例えば、Pub/Sub の API を使用したい場合は、Google Cloud コンソールの API ライブラリ画面から「Cloud Pub/Sub API」を検索し、API を有効にします。

ただし、API を使用する前に、使用に関する利用規約や料金について確認することが重要です。また、セキュリティにも十分な注意を払う必要があります。

試験対策 初めてリソースを使う際には API を有効にする必要があることを押さえておきましょう。

● 割り当て（クォータ）を管理する

割り当て（クォータ）とは、Google Cloud のプロジェクト上のリソースに設定されているリソースを使用できる量のことです。プロジェクトが作成された時点で、各リソースに一定の量が設定されています。これにより、特定のリソースが大量に消費されることを防止することができます。

232

　プロジェクトに割り当てられたリソース量が不足する場合、<u>追加の割り当てをリクエストすることができます</u>。ただし、追加の割り当てが承認されるまでに時間がかかる場合があります。

　また、リソースの最適な割り当ての量は、プロジェクトの使用方法によって異なります。例えば、テスト環境や開発環境ではプロジェクトに割り当てられたリソースの量が少なくても問題ない場合がありますが、本番環境ではより多くのリソースが必要になる場合があります。そのため、プロジェクトを作成する際には、リソースの使用方法に応じて、適切な割り当ての量を設定することが重要です。

試験対策　プロジェクト作成時には各リソースに一定の割り当てがあり、それを超過する際には、割り当て増加をリクエストする必要があることを押さえておきましょう。

● ラベルを使用する

　ラベルとは、<u>リソースに対してユーザーが自由に設定できるキーと値のペア</u>です。リソースにラベルを設定することで、そのリソースに関する情報をカスタマイズできます。例えば、次のようにアプリケーションの担当チーム、種類、環境などをラベルとして設定することができます。

・担当チーム：team:infra、team:analytics
・種類：app:frontend、app:backend、app:db
・環境：environment:develop、environment:production、
　environment:test

ラベルを使用することで、次のようなメリットがあります。

・リソースの分類：ラベルを使用することで、アプリケーションの種類や環境ごとにリソースを分類し、管理できます。例えば、データベース、ネットワーク、ストレージなどのリソースをラベルで区別することができます。
・視覚化：ラベルを使用することで、リソースの分類を簡単に視覚化できます。ラベルに基づいてリソースをグループ化し、視覚的に分類されたリソースを表示します。
・リソース管理：ラベルを使用することで、特定のラベルを持つリソースを

第 **7** 章

Google Cloudの運用におけるポイント

233

一括で管理できます。例えば、特定の環境に関連するリソースを一括で取得するといったことが可能です。

[ラベルを使って特定のリソースを取得するイメージ]

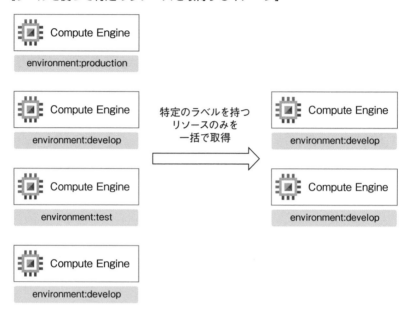

　ラベルは、リソースを効果的に管理するための重要な方法です。また、ラベルは 2-2 節で説明した請求レポートにも連携されるため、ラベルをもとに請求情報を分類・分析することも可能になります。

2　コスト管理

●API 使用の上限を設定する

　Google Cloud を使用する際には、API 使用の上限を設定することが重要です。これにより、API の過剰な使用によってリソースが消費されることを防止し、必要以上の課金を防ぐことができます。
　具体的には、次のような設定があります。

- リクエスト数の上限：1日あたり、1分あたりなど、一定の時間あたりのリクエスト数を制限することができます。
- ユーザーごとのリクエスト数の上限：一部のAPIではユーザーごとの1分あたりの上限が設定されています。

ただし、API 使用の上限を設定する際には、使用方法に応じて適切な設定を行う必要があります。API 使用の上限を厳しく設定することで、API の使用に制限がかかってしまい、ユーザーの利便性を下げてしまう場合があります。そのため、適切なバランスを見つけることが重要です。

● 確約利用割引を使う

確約利用割引は、長期間にわたってリソースを利用することを約束する代わりに、料金の割引を受けられる仕組みです。1 年間または 3 年間のリソースの利用量を事前に予約することで、その期間中のリソース利用料金を割引価格で支払うことができます。

確約利用割引が使用できるプロダクトは、本書執筆時点（2023 年 5 月）では次の通りです。

- Cloud SQL
- Cloud Spanner
- Google Cloud VMware Engine
- Cloud Run
- Google Kubernetes Engine
- Compute Engine

> Google Cloud VMware Engine とは、Google Cloud 上で VMware 環境を実行するためのフルマネージドなプロダクトです。

確約利用割引を使うことで、次のようなメリットがあります。

- 長期間の利用による割引：確約利用割引を利用することで、1年間または3年間の利用に対して割引が受けられます。

- 予算の確定：長期間の使用量を事前に予約することで、利用料金を確定することができ、予算をより効果的に管理できます。
- 複数のプロジェクトでの利用：確約利用割引は、複数のプロジェクトで利用できます。一度の予約で複数のプロジェクトでリソースを利用することができるため、コスト削減に効果的です。

確約利用割引は、Google Cloud の利用料金を削減するための重要な方法の 1 つです。必要なリソースの量が予測できるシステムに関して、確約利用割引を利用すると、通常より低い料金でのシステム利用を可能にします。ただし、確約利用割引を申し込んだ後に取り消すことはできません。申し込んだ期間分の利用料金は支払う必要があるため、注意が必要です。

● 継続利用割引を活用する

継続利用割引とは、Compute Engine と Google Kubernetes Engine で利用できる料金割引の仕組みです。1 か月あたり一定以上の期間リソースを稼働させることで、最大で 30% の割引を受けることができます。

継続利用割引は、稼働しているリソースに対して自動的に適用されます。そのため、特に意識せずとも利用可能ですが、継続利用割引という仕組みを知っておくことは大切です。

ただし、Spot VM（プリエンプティブル VM）や一部のマシンタイプには、継続利用割引が適用されないため注意が必要です。

3 Compute Engine

● 必要に応じて、実行時間を調整する

Compute Engine は、インスタンスの実行時間に応じて、利用料金が発生します。そのため、Compute Engine を使用する際には、実行時間を最適化し、無駄なコストを削減することが重要です。

Compute Engine の「インスタンススケジュール」という機能を使用すると、インスタンスの起動と停止を自動化できます。例えば、夜間は稼働する必要がないシステムの場合、業務時間中のみインスタンスを起動するようにスケジュール可能です。

　このように、Compute Engine を使用する際には、要件に応じて実行時間を調整し、最適なコストパフォーマンスを実現することが大切です。

● 適切なマシンタイプを選択する

　Compute Engine を運用する際に、適切なマシンタイプを選択することで、コストとパフォーマンスのバランスを調整することができます。

　マシンタイプには、数多くの種類が存在します。必要なリソースを見積もり、要件に合わせてコストとパフォーマンスのバランスをとりながら適切なマシンタイプを選択します。例えば、vCPU の数やメモリの量が多いマシンタイプを選択することで、高いパフォーマンスを得ることができますが、それに応じてコストは高くなるため、注意が必要です。

　このように、Compute Engine を使用する際には、必要に応じて適切なマシンタイプを選択し、最適なコストパフォーマンスを実現することが大切です。

4　Google Kubernetes Engine

● コンテナ運用のベストプラクティスを活用する

　Kubernetes を利用する上で押さえておきたい、コンテナ運用のベストプラクティスがあります。このプラクティスは、セキュリティからモニタリング、ロギングまで幅広いトピックを含んだものです。

　ここで紹介する方法に関して、実際に実装する必要があるかどうかは個々のシステムの要件や制約によって異なります。しかし、これらのプラクティスを適切に活用することで、Google Kubernetes Engine（以下、GKE）とコンテナ上のアプリケーションを運用しやすくなるはずです。

　ここでは、Google Cloud が紹介している、コンテナ運用のベストプラクティスを要点を絞って紹介します。

Google Cloud が紹介しているコンテナ運用のベストプラクティスの全文は、次の URL から確認できます。
https://cloud.google.com/architecture/best-practices-for-operating-containers

第 7 章　Google Cloud の運用におけるポイント

次項から、各プラクティスの内容を説明していきます。

●コンテナのネイティブロギングメカニズムを使用する

コンテナのネイティブロギングメカニズムを使用する場合、ログはコンテナの標準出力および標準エラー出力に書き込まれます。このとき、ログはホストマシン（GKE ノード）によって直接収集されます。そのため、ログの収集のためにロギングエージェントのような追加のソフトウェアを必要としません。これにより、ログの収集にかかる作業負荷を最小限に抑えることができます。

コンテナのネイティブロギングメカニズムを使用する場合、ログは通常、ローカルまたはリモートのログ収集サービスに送信されます。Google Cloud では、Cloud Logging を使用することで、コンテナ上のログを収集、保存、検索することができます。

コンテナのネイティブロギングメカニズムを使用することで、最小限の作業負荷で、ログの収集、保存、検索を実現することができます。

●コンテナがステートレスで不変であるようにする

ステートレスとは、状態に関する情報を自身の外部に置き、自身で状態を持たないようにすることです。そして不変とは、コンテナがその存続期間を通して変更されないことです。

Kubernetes 上のコンテナは、運用上の様々な局面において、生成、破棄が繰り返し行われます。もし、コンテナ自身が状態を持つ、あるいは途中で変化してしまうようなアプリケーションを構築してしまうと、コンテナの生成、破棄が行われるたびに状態による不具合が発生する可能性があります。

コンテナをステートレスかつ不変であるようにすることで、そのような不具合を回避できます。

●アプリケーションをモニタリングしやすくする

モニタリングはアプリケーションを管理、運用する上で非常に重要な作業です。プラットフォームに依存しない、複数の環境を統一的にモニタリングできるようなモニタリング機能を使うなど、なるべくモニタリングしやすい手段を選択します。Google Cloud では、Cloud Monitoring を使用することで、GKE クラスタやアプリケーションの指標を収集し、モニタリングすることができます。

●アプリケーションの状態を公開する

　コンテナ上のアプリケーションが正常に動作しているかどうかを確認するために、アプリケーションの状態を公開することが推奨されています。Kubernetes にはコンテナのヘルスチェック機能があり、アプリケーションが公開している状態をもとに、コンテナを管理します。

　具体的には、アプリケーションが正常に実行されているか、トラフィックを受信できるかなどの情報をもとに、Kubernetes が自律的にコンテナの破棄や再作成を行います。これによりコンテナ管理の手間が削減できます。

●特権付きコンテナを使わないようにする

　特権付きコンテナは、通常のコンテナとは異なり、ホストマシンに対する直接的なアクセス権限を持っています。特権付きコンテナを使用していた場合、そのコンテナに不正アクセスされてしまうと、攻撃者がホストマシンに対する完全アクセス権を入手することになり非常に危険です。そのため、特権付きコンテナは使わないようにしましょう。

●root として実行しないようにする

　基本的にはコンテナ内で root としてプロセス（アプリケーション）を実行しても、各コンテナは仮想的に隔離されているため、ホスト OS や他のコンテナに対しての操作は実行できません。しかし、コンテナの実行環境に脆弱性があった場合には、仮想的な隔離を超えて悪意のある操作をされる危険性があります。このとき、コンテナ内で root としてプロセスを実行していると、ホスト OS や他のコンテナに対しても root としてアクセスされる恐れがあります。

　例えば、コンテナ内で root 権限を持つプロセスが、脆弱性によってホスト OS にアクセスできる場合、ホスト OS のファイルシステムから重要なデータを破壊してしまう可能性があります。そのため、コンテナ内でプロセスを実行する際には、root として実行しないことが推奨されています。

[root 実行における危険性のイメージ]

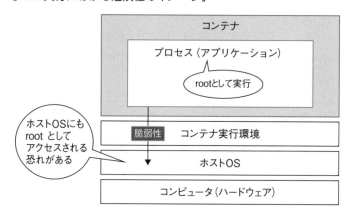

●コンテナイメージのバージョンを慎重に選択し、明示的に指定する

　コンテナイメージの最新バージョンを使用すれば、新しい機能を利用できますが、不具合や互換性の問題が発生する可能性があります。そのため、使用するコンテナイメージのバージョンは慎重に選択することが重要です。

　例えば、Web アプリケーションの場合、新しいバージョンでセキュリティに関する修正がされた場合には、最新バージョンを使用することが望ましいです。しかし、アプリケーションが依存しているライブラリなどが最新バージョンと互換性がない場合は、問題が発生する可能性があります。そのため、各コンテナイメージのバージョンについて、慎重に検討する必要があります。

　また、「latest」というタグを使用して最新バージョンのコンテナイメージを取得する方法は避けるべきです。「latest」タグが示す最新バージョンは、コンテナイメージの取得タイミングによって変わり得ます。例えば、「latest」タグを使用していることで、運用を開始して数か月後の時点で異なる最新のバージョンのコンテナイメージが取得されてしまい、不具合が生じてしまう可能性があります。

　そのため、コンテナバージョンを指定する際には、バージョン番号が明示されたタグ（例：v1.10.2 など）を使用することを推奨します。特に本番環境では、コンテナイメージのバージョンを明示的に指定し、そのバージョンのコンテナイメージを使用することが望ましいです。

5　Cloud Run / Cloud Functions

● 認証のために呼び出し元にロールを付与する

Cloud Run や Cloud Functions はイベント駆動型であるため、イベントがトリガーされた場合にのみコードが実行されます。しかし、外部からの呼び出しをすべて許可するわけではありません。Cloud Run や Cloud Functions は IAM で保護されているため、基本的には認証が必要であり、認証を経て正当なリクエストであることを確認します。

Cloud Run や Cloud Functions のロールを使用して、アクセスを許可するクライアント（ユーザー）を制御する必要があります。具体的には、呼び出し元に、Cloud Run 起動元 / Cloud Functions 起動元のロール（xxx.invoker）が必要です。これにより、呼び出し元からのリクエストが許可されます。

例えば、Cloud Run の処理を呼び出すためには、「run.invoker」ロールを Google グループやサービスアカウントに付与します。同様に、Cloud Functions の処理を呼び出すためには、「cloudfunctions.invoker」ロールを付与します。

試験対策　Cloud Run / Cloud Functions の処理を呼び出すには、Cloud Run 起動元 / Cloud Functions 起動元のロール（xxx.invoker）が必要なことを押さえておきましょう。

● 未認証で呼び出す

Cloud Run や Cloud Functions では、基本的には認証が必要となりますが、一部の API エンドポイントやシンプルなワークフローの場合、認証を不要にして公開したい場合があります。

未認証のクライアントからのリクエストを許可するために、Cloud Run や Cloud Functions では、allUsers というプリンシパルに起動元のロール（xxx.invoker）を指定することができます。allUsers は、未認証のユーザーを含むすべてのユーザーを表すため、誰でもアクセスできるようになります。

241

[Cloud Run を未認証で呼び出すイメージ]

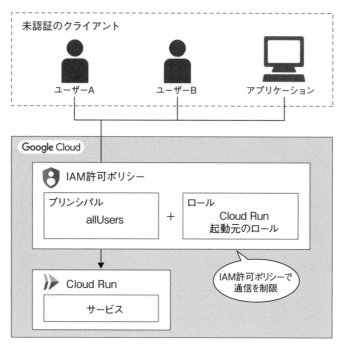

　ただし、allUsers を使用すると、アプリケーションに対してセキュリティ上のリスクが発生する場合があるため、要件に応じて慎重に使用する必要があります。

試験対策	Cloud Run / Cloud Functions の未認証呼び出しを許可するには、allUsers に起動元のロール（xxx.invoker）を指定することを押さえておきましょう。

6　BigQuery

● 必要なデータのみ読み取るクエリを実行する

　BigQuery はクエリデータの量に応じて、利用料金が発生します。ここでいう

クエリデータの量とは、クエリによって最終的に取得したデータの量ではなく、クエリを実行した際に BigQuery が読み取ったデータの量のことです。

　例えば、10,000 件のデータに対しクエリを実行し、10,000 件のデータに対し読み取り処理が発生して、最終的に 10 件のデータを取得したとします。その際のクエリデータの量は、読み取り処理が発生した 10,000 件となり、この 10,000 件のデータ量に対して料金が発生します。

　不要なデータにアクセスするクエリを実行すると、余計な料金が発生してしまうため、必要なデータのみ読み取るクエリを実行するようにします。例えば、テーブルの列をすべて取得するのではなく、必要な列だけ指定したクエリを実行することで、クエリデータの量を節約できます。

　また、BigQuery の機能であるテーブルのパーティショニングやクラスタリングを活用することも有効な手段です。パーティショニングは、テーブルを特定のキーで分割する機能であり、読み取るデータの範囲を狭めることができます。クラスタリングは、テーブル内の行を特定の列でソートする機能であり、特定の列において同じ値を持つ行を近くに配置することで、読み取るデータの範囲を狭めることができます。

　クエリデータの量を事前に計測する方法として、クエリを**ドライラン**で実行する方法があります。ドライランとは、実際にクエリを実行せずに、クエリによってどのくらいデータが読み取られるかを見積もるための機能です。ドライランを実行すると、クエリが正しいクエリかどうか、どのくらいのデータが処理されるかなどの情報が返されます。これにより、実際にクエリを実行せずに、クエリの最適化を行うことができます。

[ドライランを利用した BigQuery の運用イメージ]

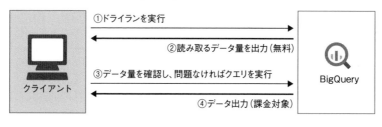

クエリをドライランで実行しても料金はかからないため、実際にクエリを実行する前にドライランで実行し、クエリデータの量を計測することをおすすめします。

Google Cloud コンソールであれば、クエリ実行前にクエリデータの量が自動で表示されます。また、コマンドであれば、bq での query コマンドに --dry_run オプションを付けることで、クエリデータの量の表示が可能です（bq コマンドに関しては、第8章で詳しく説明します）。

> BigQuery では、必要なデータのみ読み取ることで料金を最適化できます。また、ドライランでのクエリの実行には料金がかからないことを覚えておきましょう。

● カスタムコスト管理を利用する

カスタムコスト管理とは、1日に処理できるクエリデータ量の上限をプロジェクトごと、あるいはユーザーごとに設定できる機能のことです。例えば、大量のデータを読み取るクエリを意図せず何度も実行してしまうユーザーがいた場合でも、設定された上限までしか実行できないため、想定外の課金を防ぐことができます。

カスタムコスト管理を利用することで、BigQuery のコストをより効果的に管理し、予算内での運用を行うことができます。

> BigQuery のカスタムコスト管理を使うことで、1日に処理できるクエリデータ量の上限をプロジェクトやユーザーごとに設定できることを押さえておきましょう。

> 2023年3月に、BigQuery Editions という、従来とは大きく異なる BigQuery の新しい料金体系が発表されました。本書執筆時点（2023年5月）において、BigQuery Editions が ACE 試験で問われる可能性は低いと考えられるため、本書では詳細な説明はしませんが、将来的には ACE 試験で問われる可能性もあります。BigQuery Editions の詳細については、次の URL から確認できます。
> https://cloud.google.com/bigquery/docs/editions-intro?hl=ja

7　Cloud Logging

● 不要なログを除外する

ログはクラウドリソースの使用量に影響を与え、大量のログが生成されると
ストレージの費用が増加することがあります。また、不必要なログが多くなると、
ログの管理と分析が困難になる可能性があります。

Cloud Logging では、ログシンクを作成する際に除外フィルタを設定するこ
とで、不要なログの取り込みを避けることができます。これにより、必要な情
報だけを含むログを収集し、ログのサイズを減らすことができます。

試験対策　収集するログの量や種類を制限することで費用を抑える運用方法が
あることを押さえておきましょう。

8　Cloud Marketplace

● Cloud Marketplace を活用する

「Cloud Marketplace」とは、Google Cloud リソースをソフトウェアがイ
ンストールされた状態で手軽に作成するためのプラットフォームです。Cloud
Marketplace には便利なソリューションのソフトウェアパッケージが多数用意
されています。Google Cloud でリソースを構築することに慣れていない場合で
も、パッケージ化されたソフトウェアを選択することで手軽に運用開始できま
す。例えば、Linux・Apache HTTP Server・MySQL・PHP などの組み合わせ
で構築される Web アプリケーション開発のための LAMP や、Web サイトやブ
ログ作成のためのソフトウェアである WordPress などの環境を、Google Cloud
コンソール上から数回のクリックで構築できます。

Cloud Marketplace 経由で作成するリソースであっても、通常の Google
Cloud リソースと同様に、vCPU やストレージなどのリソース構成を自由に変更
可能です。そのため、利用者のニーズに合わせて柔軟なカスタマイズが可能です。

試験対策

Cloud Marketplace を利用すると、必要なソフトウェアパッケージを選択するだけで、簡単に Google Cloud のリソースが構築できます。

1 プロジェクトを作り、初めて Pub/Sub を使用しようとしています。Pub/Sub を使用するために、最初に行うべき操作はどれですか。

    A.   Pub/Sub の API を有効にする

    B.   Pub/Sub のドキュメントを読む

    C.   Pub/Sub のチュートリアルを行う

    D.   Pub/Sub のトピックを作成する

2 現在使用しているプロジェクトで、あるプロダクトのリソースにおける割り当てが不足していることがわかりました。次にすべき行動はどれですか。

    A.   新たにプロジェクトを作成し、リソースを作成する

    B.   追加の割り当てをリクエストする

    C.   組織を作成し、組織の配下にプロジェクトを含める

    D.   他のプロダクトのリソースの使用をやめる

3 確約利用割引を使うことによって、得られないメリットはどれですか。

    A.   長期間の使用量を事前に予約することで、安定的な価格で利用できる

    B.   複数のプロジェクトで利用することで、コスト削減に効果的である

    C.   必要なリソースの量が予測できないシステムに使用すると効果的である

    D.   確約利用割引を利用することで、1 年または 3 年間の利用に対して割引が受けられる

第 **7** 章 Google Cloud の運用におけるポイント

4 Google Kubernetes Engine のコンテナを運用する上で、悪意のある者がホスト OS や他のコンテナに対して操作を行い、データを破壊することを防ぎたいと考えています。要件を満たす方法はどれですか。

    A.   必要最低限の権限でコンテナを実行する

    B.   特権付きコンテナを使用する

    C.   コンテナがステートレスになるように構築する

    D.   コンテナのヘルスチェックを有効にする

5 Cloud Run や Cloud Functions にデプロイしたアプリケーションを呼び出したいです。呼び出しの許可を満たす条件はどれですか。

    A.   呼び出し元のリソースが、同じプロジェクト内に存在する

    B.   呼び出し元に起動元のロール（xxx.invoker）が付与されている

    C.   呼び出し元のリソースが、同じ VPC 内に存在する

    D.   呼び出し元がサービスアカウントである

6 BigQuery を使用した分析業務において、不必要なデータにアクセスしている非効率なクエリを実行していることがわかりました。クエリの改善のために、クエリが読み取るデータ量を計測したいと考えています。最小限の運用コストで、この要件を満たす方法はどれですか。

    A.   クエリを実行して、クエリデータ量を計測する

    B.   ドライランを用いて、クエリデータ量を計測する

    C.   Cloud Monitoring を使用して、クエリデータ量を計測する

    D.   パーティショニングや、クラスタリングの機能を利用する

7 Cloud Logging において、ログシンクを作成する際に除外フィルタ
を設定することで、得られるメリットはどれですか。

- A. ストレージの費用が増加する

- B. ログの管理と分析が複雑化する

- C. ログのサイズが減少する

- D. リソースのパフォーマンスが上昇する

8 Google Cloud で Web アプリケーション開発のための、LAMP 環境
を構築したいと考えています。なるべく少ない手順で構築する手順
として最適なものはどれですか。

- A. Cloud Marketplace を使用して LAMP ソリューションをデプロイ
する

- B. App Engine のスタンダード環境に LAMP 環境をデプロイする

- C. Google Kubernetes Engine に LAMP 環境を構築する

- D. Compute Engine に LAMP 環境を構築する

第7章 Google Cloud の運用におけるポイント

1 A

Google Cloud を使用する上で、初めてリソースを使う際には、そのリソースの API を有効にする必要があります。今回は初めて Pub/Sub を使用するので、Pub/Sub の API を有効にします。
選択肢 B、C、D は次の理由により不正解です。

B. Pub/Sub のドキュメントを読むことは、チュートリアルの実施や開発に役立つことはありますが、API を有効にしなければ Pub/Sub を使用できません。
C. Pub/Sub のチュートリアルを実施することは、Pub/Sub の機能や操作方法を学ぶために役立ちますが、API を有効にしなければ Pub/Sub を使用できません。
D. トピックを作成する前に、API を有効にする必要があります。

2 B

プロジェクト作成時には各リソースに一定の割り当てがあり、プロジェクトに割り当てられたリソース量が不足する場合、追加の割り当てをリクエストすることで解消されます。なお、追加の割り当てが承認されるまで、時間がかかる場合もあります。
選択肢 A、C、D は次の理由により不正解です。

A. 正解の選択肢に比べて、リソース量の管理が複雑になるため推奨されません。
C. 組織の有無はリソースの割り当てに関係がありません。
D. 他のプロダクトのリソースの使用をやめても、リソースの割り当ての不足は解消されません。

3 C

確約利用割引は、長期間にわたってリソースを利用することを約束する代わりに、料金の割引を受けられる仕組みです。必要なリソースの量が予測できるシステムに関して、確約利用割引を利用すると、通常より低い料金でのシステム利用を可能にします。ただし、確定利用割

引を申し込んだ後に取り消すことはできません。申し込んだ期間分の
利用料金は支払う必要があるため、注意が必要です。
選択肢A、B、Dは、確約利用割引を使うことによって得られるメリッ
トであるため、不正解です。

4 A

コンテナ運用においては、必要最低限の権限でコンテナを実行するこ
とが推奨されます。具体的には、コンテナ内でプロセスを実行する際
には、rootとして実行しないことが挙げられます。
選択肢B、C、Dは次の理由により不正解です。

B. 特権付きコンテナは、ホストOSや他のコンテナに対するアクセ
ス権限を持っているため、使用しないことが推奨されています。
C. コンテナがステートレスになるように構築することは重要です
が、権限過多を利用した悪意のあるユーザーからのデータ破壊
は防げません。
D. コンテナのヘルスチェックはコンテナ上にあるアプリケーショ
ンの正常性を確認する機能であり、ホストOSや他のコンテナへ
の操作を防ぐものではありません。

5 B

Cloud RunまたはCloud Functionsの処理を呼び出すためには、呼び
出す側にCloud Run起動元 / Cloud Functions起動元のロール（xxx.
invoker）が必要です。
選択肢A、C、Dは次の理由により不正解です。

A. 同じプロジェクト内に存在するだけでは、呼び出しの許可は満
たしません。
C. 同じVPC内に存在するだけでは、呼び出しの許可は満たしませ
ん。
D. 呼び出し元はサービスアカウントに限定されません。

6 B

クエリのデータ量を事前に計測する方法として、ドライランを使う方
法があります。クエリをドライランで実行しても料金は発生しないた
め、クエリの効率改善作業に有効です。
選択肢A、C、Dは次の理由により不正解です。

第7章 Google Cloudの運用におけるポイント

A. クエリを実行してしまうと料金が発生するので、好ましくありません。

C. Cloud Monitoring は、パフォーマンス指標を収集してモニタリングするプロダクトであり、事前にクエリデータの量は確認できません。

D. パーティショニングやクラスタリングは、クエリデータ量を抑えるための機能であり、クエリデータ量は確認できません。

7　C

Cloud Logging では、ログシンクを作成する際に除外フィルタを設定することで、不要なログの取り込みを避けることができます。これにより、必要な情報だけを含むログを取得し、ログのサイズを減らすことができます。

選択肢 A、B、D は次の理由により不正解です。

A. 不要なログの取り込みを避けることで、ストレージに保存されるデータ量は少なくなるので、ストレージの費用は減少します。

B. ログの管理と分析は簡略化されます。

D. リソースのパフォーマンスは特に上昇しません。

8　A

Cloud Marketplace は、Google Cloud リソースをソフトウェアがインストールされた状態で手軽に作成するためのプラットフォームです。Cloud Marketplace には LAMP 環境のパッケージも存在するため、手軽に運用を始めることができます。

選択肢 B、C、D は次の理由により不正解です。

B. App Engine のスタンダード環境には、LAMP 環境のような複雑な構成をデプロイすることはできません。

C. Google Kubernetes Engine に LAMP 環境を構築するには、多くの手順を必要とします。

D. Compute Engine に LAMP 環境を構築するには、多くの手順を必要とします。

Google Cloud

Associate Cloud Engineer

第8章

Google Cloudの運用に
使用するコマンド

試験には Google Cloud を操作するためのコマンドが出題される
場合があります。そのため、それらのコマンドでどのような操作
ができるのかを把握しておくことが必要です。本節では、Google
Cloud リソースを CLI で操作できる gcloud CLI の基本的な構文
の形式と、押さえておきたいコマンドについて説明します。

1 本書におけるコマンドの表記ルールについて

本書において、コマンドの構文は次のルールで表記します。

- コマンド本体はgcloudのように、小文字で表記します。
- 必須の引数はINSTANCE_NAMEのように、大文字で表記します。
- 必須のオプションは--network=NETWORK_NAMEのように、小文字のオプション名と大文字の値で表記します。オプションとは、コマンドに設定できる付加的な機能や値のことです。
- 省略可能な引数、オプションは[OPTIONS]のように、[]で囲って表記します。

上記の構文表記ルールに則った、gcloud CLI コマンドの例を記載します。

```
gcloud compute instances create INSTANCE_NAME \
    --machine-type=MACHINE_TYPE \
    --network=NETWORK_NAME \
    [OPTIONS]
```

「\」は Linux などのコマンドラインインターフェースにおいて、複数行にまたがるコマンドを表現するための記号です。複数行に分けることで、コマンドを見やすくすることができます。

2　gcloud CLI の概要

gcloud CLI は、Google Cloud を操作するためのコマンドラインツールです。このツールを使用すると、ターミナルから Google Cloud のリソースを作成、管理することができます。

gcloud CLI は、次のような機能を提供しています。

- プロジェクト、リージョン、ゾーンの設定や表示
- Compute EngineインスタンスやGoogle Kubernetes Engineクラスタ、VPCネットワークなどのリソースの作成・管理
- Google CloudのAPIの有効化と認証
- その他、開発やデプロイに必要な機能の提供

● gcloud CLI の構文

gcloud CLI コマンドの構文は、次の通りです。

```
gcloud [GROUP] COMMAND [OPTIONS]
```

- GROUP：操作するリソースのグループを指定します。例えば、computeグループはCompute Engineのリソースを操作するために使用します。なお、グループは階層構造になっており、compute instancesであれば、computeグループの中のinstancesグループを示すという意味になります。また、GROUPを指定しないgcloud CLIコマンドもあります。
- COMMAND：実行する操作を指定します。例えば、createコマンドは新しいリソースを作成するために使用されます。他にもlist、update、deleteなどがあります。
- OPTIONS：実行時のオプションを指定します。例えば、--zoneオプションは、作成するリソースのゾーンを指定します。

例えば、Compute Engine インスタンスを作成する場合は、次のようなコマンドを実行します。

```
gcloud compute instances create my-instance \
```

```
--zone=us-central1-a
```

このコマンドでは、新しいインスタンスを作成するため、compute グループの instances グループを使用して、インスタンスの名前 my-instance を指定し、create コマンドを実行しています。オプションとして、ゾーン us-central1-a を指定しています。

gcloud CLI コマンドの構文において、GROUP と COMMAND は、操作対象と実行する操作の関係になっています。このような構造により、gcloud CLI コマンドは、覚えやすく、直感的に理解しやすいものとなっています。

試験対策

コマンドの構文を理解し、未知のコマンドに出会ったときには、操作対象・実行する操作・オプションを読み解いて、コマンドの意味を推測できるようにしましょう。

3 押さえておきたいコマンド

gcloud CLI コマンドにおいて、押さえておきたいコマンドを紹介します。

● gcloud config configurations

gcloud config configurations コマンドは、gcloud CLI の設定を管理するためのコマンドです。このコマンドを使用することで、複数のプロジェクトやプロダクトに対して、それぞれの設定を用意しておき、必要なときに簡単に切り替えることができます。

[gcloud CLI の設定切り替えのイメージ]

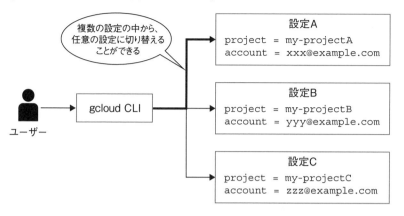

構文は次の通りです。

```
gcloud config configurations COMMAND [OPTIONS]
```

・COMMAND：コマンドの種類を指定します。例えば、list、create、activateなどがあります。
・OPTIONS：オプションを指定します。指定するコマンドによって指定可能なオプションが異なります。

次に使用例を示します。

```
# 現在の設定と使用可能なすべての設定を表示
gcloud config configurations list

# 新しい設定を作成
gcloud config configurations create my-config

# 指定した設定を有効化
gcloud config configurations activate my-config
```

● gcloud config set

gcloud config set コマンドは、gcloud CLI の設定を変更するためのコマンドです。このコマンドを使用すると、デフォルトで使用するプロジェクトやリージョン、ゾーンなどの様々な設定を変更できます。

構文は次の通りです。

```
gcloud config set SECTION/PROPERTY VALUE [OPTIONS]
```

- SECTION：プロパティのセクションを指定します。例えば、core、auth、computeなどがあります。プロパティによっては省略可能なSECTIONもあります。
- PROPERTY：プロパティを指定します。指定するセクションによって指定可能なプロパティが異なります。
- VALUE：プロパティの値を指定します。指定するプロパティによって指定可能な値が異なります。
- OPTIONS：オプションを指定します。指定するセクションとプロパティによって指定可能なオプションが異なります。

次に使用例を示します。

```
# 現在のデフォルトのリージョン設定を変更
gcloud config set compute/region us-central1

# 現在のデフォルトのゾーン設定を変更
gcloud config set compute/zone us-central1-a
```

● gcloud compute instances create

gcloud compute instances create コマンドは、Compute Engine インスタンスを作成するためのコマンドです。このコマンドを使用することで、インスタンスを作成する際に必要な情報を指定できます。

構文は次の通りです。

```
gcloud compute instances create INSTANCE_NAME \
    [OPTIONS]
```

- INSTANCE_NAME：作成するインスタンスの名前を指定します。
- OPTIONS：オプションとして、作成するインスタンスについて詳細な設定を指定できます。例えば、IPアドレスやネットワークインターフェース、起動時に実行するスクリプトなどを指定できます。

使用例は次の通りです。

```
gcloud compute instances create my-instance \
    --machine-type=n1-standard-2 \
    --zone=us-central1-a
```

- --machine-type：インスタンスのマシンタイプを指定します。例えば、n1-standard-2（2vCPU、7.5GBメモリの標準マシンタイプ）などです。
- --zone：インスタンスを作成するゾーンを指定します。

● gcloud compute ssh

gcloud compute ssh コマンドは、Compute Engine インスタンスに SSH で接続するためのコマンドです。このコマンドを使用することで、コマンドラインからインスタンスにアクセスすることができます。

構文は次の通りです。

```
gcloud compute ssh INSTANCE_NAME [OPTIONS]
```

- INSTANCE_NAME：SSH接続するインスタンスの名前を指定します。
- OPTIONS：オプションとしてSSH接続について詳細な設定を指定できます。例えば、接続するユーザー名、秘密鍵ファイルの場所などを指定することができます。

使用例は次の通りです。

```
gcloud compute ssh my-instance
```

● gcloud compute networks create

gcloud compute networks create コマンドは、VPC ネットワークを作成

するためのコマンドです。このコマンドを使用することで、任意の設定のネットワークを作成することができます。

構文は次の通りです。

```
gcloud compute networks create NETWORK_NAME \
    [OPTIONS]
```

- ・NETWORK_NAME：作成するVPCネットワークの名前を指定します。
- ・OPTIONS：オプションとして、作成する新しいVPCネットワークについて詳細な設定を指定できます。例えば、サブネットのIPアドレス範囲、ネットワークの説明などを指定することができます。

使用例は次の通りです。

```
gcloud compute networks create my-network \
    --subnet-mode=custom
```

- ・--subnet-mode：新しいネットワークのサブネットモードを指定します。customは手動でサブネットを操作するモードです。モードを指定しない場合は、auto（自動モード）になります。

● gcloud compute networks subnets create

gcloud compute networks subnets create コマンドは、VPC ネットワーク内にサブネットを作成するためのコマンドです。サブネットを作成することで、ネットワークを細分化して管理することができます。

構文は次の通りです。

```
gcloud compute networks subnets create SUBNET_NAME \
    --network=NETWORK_NAME \
    --range=IP_RANGE \
    [OPTIONS]
```

- ・SUBNET_NAME：作成するサブネットの名前を指定します。
- ・NETWORK_NAME：サブネットを作成するVPCネットワークの名前を指定します。

- IP_RANGE：サブネットに割り当てるIPアドレスの範囲を指定します。
- OPTIONS：オプションとして、作成する新しいサブネットについて詳細な設定を指定できます。例えば、リージョンなどを指定することができます。

使用例は次の通りです。

```
gcloud compute networks subnets create my-subnet \
    --network=my-network \
    --range=192.168.0.0/24 \
    --region=us-central1
```

- --region：サブネットを作成するリージョンを指定します。

● gcloud compute networks subnets expand-ip-range

gcloud compute networks subnets expand-ip-range コマンドは、サブネットのIPアドレス範囲を変更するためのコマンドです。このコマンドは、既存のサブネット内で使用できるIPアドレスが不足している場合や、サブネットを拡張する必要がある場合に役立ちます。

構文は次の通りです。

```
gcloud compute networks subnets expand-ip-range \
    SUBNET_NAME \
    --prefix-length=PREFIX_LENGTH \
    [OPTIONS]
```

- SUBNET_NAME：IPアドレス範囲を変更するサブネットの名前を指定します。
- PREFIX_LENGTH：サブネットのプレフィックス長を指定します。
- OPTIONS：オプションとして、サブネットの拡張に関する様々な機能が利用できます。

使用例は次の通りです。

```
gcloud compute networks subnets expand-ip-range my-subnet \
    --prefix-length=23 \
```

261

```
--region=us-central1
```

・--region：サブネットのリージョンを指定します。

● gcloud container clusters

gcloud container clusters コマンドは、Google Kubernetes Engine（以下、GKE）のクラスタを操作するためのコマンドです。クラスタの作成、削除、一覧表示、詳細表示など、様々な操作が可能となっています。

構文は次の通りです。

```
gcloud container clusters COMMAND [ARGS] [OPTIONS]
```

・COMMAND：実行するコマンドを指定します。例えば、create、update、delete、list、describeなどがあります。
・ARGS：コマンドに渡す引数を指定します。コマンドの種類によっては引数が必須なものがあります。
・OPTIONS：コマンドに渡すオプションを指定します。例えば、--zone、--project、--num-nodesなどがあります。

使用例は次の通りです。

```
# クラスタの作成
gcloud container clusters create my-cluster \
    --zone=us-central1-a

# クラスタの詳細情報を表示
gcloud container clusters describe my-cluster \
    --zone=us-central1-a
```

GKE を運用する上では、gcloud container clusters コマンドと後ほど紹介する kubectl コマンドを併用します。その中でクラスタに対する操作は gcloud container clusters の方で実行する必要があります。

試験対策　GKE を扱うときに、クラスタを操作する際は、`gcloud container clusters` コマンドを使用することを押さえておきましょう。

● gcloud app deploy

　`gcloud app deploy` コマンドは、App Engine にデプロイするためのコマンドです。このコマンドは、現在のディレクトリ内にあるアプリケーションのコードと設定ファイルをアップロードし、App Engine 上にアプリケーションを展開します。

　構文は次の通りです。

```
gcloud app deploy [DEPLOYABLES] [OPTIONS]
```

- `DEPLOYABLES`：デプロイするアプリケーションの設定ファイルを指定します。指定しない場合は、現在のディレクトリに存在する`app.yaml`を使用してデプロイを開始します。
- `OPTIONS`：コマンドに渡すオプションを指定します。例えば、`--no-promote`（デプロイしたアプリケーションを公開しない）などがあります。

　使用例は次の通りです。

```
gcloud app deploy /path/to/app.yaml \
    --no-promote
```

　`--no-promote` オプションを使用すると、アプリケーションが展開された後、自動的にトラフィックが新しいバージョンに向けられなくなります。代わりに、新しいバージョンにトラフィックを向けるかどうかを決定するために、手動でトラフィックを切り替えることができます。

● gcloud app services set-traffic

　`gcloud app services set-traffic` コマンドは、App Engine アプリケーションでトラフィックの配分を変更するためのコマンドです。

　このコマンドを使用すると、特定の App Engine サービスの複数のバージョン

間でトラフィックを配分することができます。トラフィックは、各バージョン
に設定された割合に基づいて配分されます。

構文は次の通りです。

```
gcloud app services set-traffic [SERVICE] \
    --splits=SPLITS
```

- SERVICE：トラフィックを配分する対象のサービスの名前を指定します。サービス名を指定しない場合は、デフォルトのサービスが指定されます。
- SPLITS：各バージョンに割り当てるトラフィックの割合を指定します。

使用例は次の通りです。

```
# service1サービスのバージョンv1に80%、バージョンv2に20%のトラフィックを配分
gcloud app services set-traffic service1 \
    --splits=v1=80,v2=20


# 上記のコマンドと同じ意味。トラフィックの指定は小数点でも可能
gcloud app services set-traffic service1 \
    --splits=v1=.8,v2=.2


# service1のバージョンv2に、100%のトラフィックを配分
# トラフィックの指定は整数でも可能
gcloud app services set-traffic service1 \
    --splits=v2=1
```

8-2 gsutil

Cloud Storage を操作するコマンドとして、gsutil コマンドが
あります。本節では、gsutil コマンドの基本的な構文の形式と、
押さえておきたいコマンドについて説明します。

1 gsutil の概要

gsutil コマンドは、Cloud Storage を操作するためのコマンドラインツール
です。gsutil を使用すると、コマンドラインからバケットの作成、削除、オブジェ
クトのアップロード、ダウンロード、削除などの操作が可能になります。

● gsutil の構文

gsutil コマンドの構文は、次の通りです。

gsutil [OPTIONS] COMMAND [ARGS]

- OPTIONS：gsutilに対するオプションを指定します。例えば、-d（デバッ
  グモード）、-m（マルチスレッドでの実行）、-h（ヘッダを表示）などがあ
  ります。
- COMMAND：実行するコマンドを指定します。例えば、cp（コピー）、mv（移動）、
  rm（削除）、ls（一覧表示）などがあります。
- ARGS：コマンドに渡す引数を指定します。コマンドによって必要な引数が
  異なります。例えば、cpコマンドでは、コピー元ファイルのパスとコピー
  先のパスを指定します。

また、Cloud Storage 上のバケット、オブジェクトにアクセスする際には
gs:// という URI スキームを利用する必要があります。

- バケットを指定する場合　gs://BUCKET_NAME
- オブジェクトを指定する場合　gs://BUCKET_NAME/OBJECT_NAME

という URI の形式で指定します。

2 押さえておきたいコマンド

gsutil コマンドにおいて、押さえておきたいコマンドを紹介します。なお、
4-1 節でも説明しましたが、Cloud Storage のバケット名は全世界を通じて一意
でなければなりません。そのため、紹介するコマンドの使用例をそのまま実行
しても、エラーになる可能性があります。コマンドを試す際には、自身のプロジェ
クト環境に合わせて適宜修正をしてください。

● gsutil mb

gsutil mb コマンドは、新しくバケットを作成するコマンドです。1 回のコ
マンドで、1 つまたは複数のバケットを作成できます。

構文は次の通りです。

```
gsutil mb [OPTIONS] gs://BUCKET_NAME
```

・OPTIONS：コマンドに渡すオプションを指定します。例えば、-c（ストレー
　ジクラスの指定）、-l（ロケーションの指定）などがあります。
・BUCKET_NAME：バケットの名前を指定します。

使用例は次の通りです。

```
# ストレージクラスをStandardに指定して、東京リージョンにバケットを作成
gsutil mb -c standard -l asia-northeast1 gs://my-bucket

# ストレージクラスをNearlineに指定してバケットを作成
gsutil mb -c nearline gs://my-bucket
```

● gsutil cp

gsutil cp コマンドは、ローカルのファイルやフォルダをバケットにコピー、
またはバケットにあるオブジェクトをローカルにコピーするコマンドです。

構文は次の通りです。

```
gsutil cp [OPTIONS] SRC_URI DEST_URI
```

・OPTIONS：オプションを指定します。例えば、-r（ディレクトリを再帰的に
　コピー）、-m（マルチスレッドで実行）などがあります。
・SRC_URI：オブジェクトのコピー元を指定します。
・DEST_URI：オブジェクトのコピー先を指定します。

使用例は次の通りです。

```
# ローカルのファイルをバケットにコピー
gsutil cp *.txt gs://my-bucket

# バケットのオブジェクトをローカルにコピー
gsutil cp gs://my-bucket/*.txt .
```

　-mオプションを使用すると、コマンドをマルチスレッドで実行することができ
ます。大量のファイルを操作する際に時間の短縮効果が期待できます。

試験対策　-mオプションを使ったマルチスレッドでの実行は重要なので覚えて
おきましょう。

● gsutil ls

　gsutil lsコマンドは、バケットに保存しているオブジェクトを一覧表示す
るコマンドです。
　構文は次の通りです。

```
gsutil ls [OPTIONS] [URI...]
```

・OPTIONS：オプションを指定します。例えば、-r（再帰的にリストを表示）、
　-l（詳細情報を表示）などがあります。
・URI：表示したいオブジェクトのURIを指定します。複数指定可能です。

使用例は次の通りです。

```
# 指定のバケット名に保存されているオブジェクトを一覧で表示
gsutil ls gs://my-bucket
```

● gsutil mv

`gsutil mv` コマンドは、バケットに保存しているオブジェクトの場所を移動、あるいはオブジェクトの名前を変更するコマンドです。

構文は次の通りです。

```
gsutil mv [OPTIONS] [SRC_URI] DEST_URI
```

- OPTIONS：オプションを指定します。例えば、-m（マルチスレッドで実行、バケット移動時に使用）などがあります。
- SRC_URI：オブジェクトの移動元、あるいは名前を変更する対象を指定します。なおオブジェクトの移動において、-I（標準入力からファイル名を受け取る）オプションを指定する場合は、SRC_URIは省略可能です。
- DEST_URI：オブジェクトの移動先、あるいは変更後の名前を指定します。

使用例は次の通りです。

```
# バケットからローカルにすべてのオブジェクトを移動する
gsutil mv gs://my-bucket/* dir

# oldobjという名前のオブジェクトをnewobjという名前に変更する
gsutil mv gs://my_bucket/oldobj gs://my_bucket/newobj
```

8-3　kubectl

GKE クラスタ上のリソースを操作するためには、kubectl コマンドを使用する必要があります。本節では、kubectl コマンドの基本的な構文の形式と、押さえておきたいコマンドについて説明します。

1　kubectl の概要

kubectl は、Kubernetes クラスタのコントロールプレーンと通信するためのコマンドラインツールです。kubectl を使うことで、GKE 上の Kubernetes クラスタ内のリソース（オブジェクト）を操作できます。

なお、kubectl は GKE 専用のコマンドラインツールではありません。他のクラウドサービスやオンプレミス環境で動作する Kubernetes クラスタ内のリソースの操作にも利用できます。

[GKE をコマンドで操作する際のイメージ]

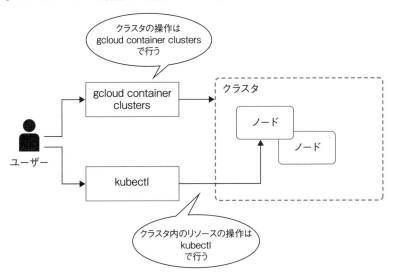

試験対策

GKE を扱うときに、GKE クラスタ上で稼働する Kubernetes の各リソース（ポッドや Deployment など）を操作するときは、kubectl コマンドを使用することを押さえておきましょう。

● kubectl の構文

kubectl の構文は、次の通りです。

```
kubectl COMMAND [TYPE] [NAME] [OPTIONS]
```

- COMMAND：実行する操作を指定します。例えば、apply、get、describe、deleteなどがあります。
- TYPE：操作の対象となるKubernetesリソースの種類を指定します。例えば、pod、deployment、serviceなどがあります。
- NAME：操作を実行するKubernetesリソースの名前を指定します。
- OPTIONS：オプションを指定します。例えば、-o（コマンドの実行結果の出力フォーマットを指定）などがあります。

なお、構文の順序に関しては、上記で紹介した構文の順序にはならないコマンドもあります。

2 押さえておきたいコマンド

kubectl コマンドにおいて、押さえておきたいコマンドを紹介します。

● kubectl get

kubectl get コマンドは、指定したリソースの基本的な情報を確認するコマンドです。
構文は次の通りです。

```
kubectl get RESOURCE_TYPE [RESOURCE_NAME] [OPTIONS]
```

- RESOURCE_TYPE：リソースの種類を指定します。例えば、pods、services、

deploymentsなどがあります。
・RESOURCE_NAME：リソースの名前を指定します。
・OPTIONS：オプションを指定します。例えば、-oオプションを使用して、yamlやjsonなどの任意の出力形式に変更することができます。

使用例は次の通りです。

```
# 指定のポッドの基本的な情報を表示
kubectl get pods my-pod

# 指定のノードの基本的な情報を表示
kubectl get nodes my-node
```

● kubectl describe

kubectl describe コマンドは、指定したリソースの詳細な情報を確認するコマンドです。
構文は次の通りです。

```
kubectl describe RESOURCE_TYPE [RESOURCE_NAME]
```

・RESOURCE_TYPE：リソースの種類を指定します。例えば、pods、services、deploymentsなどがあります。
・RESOURCE_NAME：リソースの名前を指定します。

使用例は次の通りです。

```
# 指定のポッドの詳細な情報を表示
kubectl describe pods my-pod

# 指定のノードの詳細な情報を表示
kubectl describe nodes my-node
```

● kubectl exec

kubectl exec は、コンテナ内で指定のコマンドを実行するコマンドです。
構文は次の通りです。

```
kubectl exec [OPTIONS] POD_NAME -- COMMAND [ARGS]
```

- OPTIONS：オプションを指定します。例えば、-i（コンテナに標準入力を渡す）、-t（標準入力を可能にする際に、コンテナの接続情報を表示する）などがあります。
- POD_NAME：ポッドの名前を指定します。
- COMMAND：実行するコマンドを指定します。
- ARGS：COMMANDで指定したコマンドの引数を指定します。

使用例は次の通りです。

```
# my-pod内でetcディレクトリ内の一覧を表示
kubectl exec my-pod -- ls /etc

# my-podにbashでログイン
kubectl exec -it my-pod -- /bin/bash
```

● kubectl apply

kubectl apply は、Kubernetes リソースを定義するマニフェストを通じてアプリケーションを管理するコマンドです。クラスタ内のリソースを作成および更新します。
構文は次の通りです。

```
kubectl apply -f FILE_NAME
```

- FILE_NAME：適用するyamlファイルのパスを指定します。

使用例は次の通りです。

```
# 指定のdeploymentをクラスタに適用する
```

```
kubectl apply -f deployment.yaml
```

● kubectl scale

kubectl scale コマンドは、Kubernetes のリソースのレプリカ数を変更する
コマンドです。

構文は次の通りです。

```
kubectl scale --replicas=REPLICAS_NUM RESOURCE_NAME
```

- ・REPLICAS_NUM：変更後のレプリカ数を指定します。
- ・RESOURCE_NAME：レプリカ数を変更するリソースを指定します。名前は
  deployment/myappのように、「リソースの種類 / リソースの名前」という
  フォーマットで指定します。

使用例は次の通りです。

```
# myappという名前のdeploymentのレプリカ数を3つにする
kubectl scale --replicas=3 deployment/myapp
```

● kubectl expose

kubectl expose は、Kubernetes クラスタ内の Deployment を指定し、
Service として公開するためのコマンドです。

構文は次の通りです。

```
kubectl expose RESOURCE_TYPE RESOURCE_NAME \
    [OPTIONS]
```

- ・RESOURCE_TYPE：公開するリソースの種類を指定します。例えば、
  deploymentなどです。
- ・RESOURCE_NAME：公開するリソースの名前を指定します。
- ・OPTIONS：オプションを指定します。

使用例は次の通りです。

```
# my-deploymentに対してLoadBalancerタイプのServiceを作成し、
# ポート80番で外部公開する
kubectl expose deployment my-deployment \
    --type=LoadBalancer \
    --port=80 \
    --target-port=8080
```

- --type：Serviceの種類を指定します。例えば、ClusterIP、NodePort、LoadBalancerなどです。
- --port：公開するポート番号を指定します。
- --target-port：公開するターゲットとなるポッドが利用しているポート番号を指定します。

8-4 bq

BigQuery を操作するコマンドとして、bq コマンドがあります。本節では、bq コマンドの基本的な構文の形式と、押さえておきたいコマンドについて説明します。

1 bq の概要

bq コマンドは、BigQuery を操作するコマンドラインツールです。bq コマンドを使用することで、データのクエリ、ロード、エクスポート、スキーマの管理などを簡単に実行することができます。

bq コマンドは、次のような機能を提供しています。

- データセットの作成や削除
- テーブルの作成や削除
- テーブル内のデータのインポート、エクスポート
- テーブルのスキーマの変更
- クエリの実行
- テーブルのバックアップと復元

● bq の構文

bq コマンドの構文は、次の通りです。

```
bq COMMAND [OPTIONS] [ARGS]
```

- COMMAND：実行するbqコマンドの名前です。例えば、queryなどのコマンドがあります。
- OPTIONS：オプションを指定します。例えば、queryコマンドには--destination_table（クエリ実行先のテーブルを指定）というオプションがあります。
- ARGS：コマンドに渡す引数です。例えば、queryコマンドにはSQLクエリ

を指定する必要があります。

bqコマンドにおいて、押さえておきたいコマンドを紹介します。

● bq query

bq query は、BigQuery に対して SQL クエリを実行するコマンドです。
構文は次の通りです。

```
bq query [OPTIONS] 'SQL_QUERY'
```

・ OPTIONS：--dry_run（ク エ リ の 検 証 ） や --use_legacy_sql=false
（BigQueryにおけるSQL言語の指定、falseの場合はGoogleSQLを使用する）
などのオプションを指定します。
・ SQL_QUERY：実行するSQLクエリを引用符で囲んで指定します。また、ク
エリの中で指定するテーブルに関しては、「プロジェクト名.データセット
名.テーブル名」の形式で指定し、``で囲む必要があります。

使用例は次の通りです。

```
# 指定のクエリを実行
bq query --use_legacy_sql=false \
    'SELECT COUNT(*) FROM `myproject.mydataset.mytable`'
```

また、--dry_run オプションを指定して bq query を実行すると、実際のク
エリを実行することなく、クエリのデータ量を計測することができます。
使用例は次の通りです。

```
bq query --use_legacy_sql=false --dry_run \
    'SELECT COUNT(*) FROM `myproject.mydataset.mytable`'
```

実行結果は、例えば「Query successfully validated. Assuming the tables

are not modified,running this query will process 1918 bytes of data.」のよう
に表示されます。この場合のクエリのデータ量は 1918 バイトになります。

● bq extract

　bq extract は、BigQuery からテーブルのデータを Cloud Storage にエクス
ポートするコマンドです。
　構文は次の通りです。

```
bq extract [OPTIONS] SRC_TABLE DEST_URIS
```

- OPTIONS：--compression=GZIP（gzip形式で圧縮）などのオプションを指
定します。
- SRC_TABLE：エクスポートするデータセットとテーブルの名前を指定しま
す。
- DEST_URIS：エクスポートされたデータを保存するCloud StorageのURIを
指定します。

　使用例は次の通りです。

```
# mydataset内のmytableのデータをgzipで圧縮されたcsvファイルとして、
# 指定のCloud Storageのオブジェクトとして保存
bq extract --compression=GZIP mydataset.mytable \
    gs://mybucket/myfile.csv
```

1 現在使用しているプロジェクトで、Compute Engine を操作する際
の、デフォルトのリージョンを us-central1 に変更しようと考えて
います。そのための最適なコマンドはどれですか。

A. gcloud config reset default/region us-central1

B. gcloud config set default/region us-central1

C. gcloud config set compute/region us-central1

D. gcloud config set app/region us-central1

2 Google Cloud の複数のプロジェクトで作業をしています。現在使
用しているプロジェクトから、各プロジェクト用の設定を素早く切
り替えたいと考えています。そのための最適なコマンドはどれです
か。

A. gcloud config configurations activate CONFIG

B. gcloud config configurations create CONFIG

C. gcloud config configurations delete CONFIG

D. gcloud config configurations list

3 App Engine アプリケーションで、バージョンごとにトラフィック
を分けたいと考えています。v1 バージョンを 30%、v2 バージョン
を 70% としたいとき、次のどのコマンドを選択すべきですか。

A. gcloud compute service set-traffic SERVICE --splits v1=30,v2=70

B. gcloud app services set-traffic SERVICE --splits v1=30,v2=70

C. gcloud app deploy set-traffic SERVICE --splits v1=70,v2=30

D. gcloud app services set-traffic SERVICE --splits v1=70,v2=30

4 gsutil cp -m コマンドを使用することで効率的にファイルをコピーできるユースケースとして最適なものはどれですか。

A. 小さな単一ファイルを Cloud Storage にコピーする必要がある

B. 大容量の単一ファイルを Cloud Storage にコピーする必要がある

C. 複数のフォルダにあるファイルを Cloud Storage にコピーする必要がある

D. Cloud Storage 内の単一ファイルをローカルにコピーする必要がある

5 BigQuery でテーブル "mydataset.mytable" を取得するクエリを実行する際に、クエリのデータ量を確認したいと考えています。そのための最適なコマンドはどれですか。

A. bq sample 'SELECT COUNT(*) FROM `myproject.mydataset.mytable`'

B. bq show --schema 'SELECT COUNT(*) FROM `myproject.mydataset.mytable`'

C. bq query --dry_run 'SELECT COUNT(*) FROM `myproject.mydataset.mytable`'

D. bq query 'SELECT COUNT(*) FROM `myproject.mydataset.mytable`'

1 C

----

gcloud CLI で Compute Engine を操作する際のデフォルトのリージョンを設定するには、「gcloud config set compute/region us-central1」を使用します。正しい構文は「gcloud config set compute/region [REGION]」です。[REGION] には、設定したいリージョンが入ります。選択肢 A、B、D は次の理由により不正解です。

A. reset というコマンドは存在しません。
B. default/region というプロパティは存在しません。
D. app/region というプロパティは存在しません。

2 A

「gcloud config configurations」コマンドは、gcloud CLI の設定情報を管理するためのコマンドです。複数のプロジェクトやアカウントを扱う場合、複数の設定を作成して、必要に応じて切り替えることができます。「activate」コマンドを使用すると、切り替えたい設定を有効にすることができます。
選択肢 B、C、D は次の理由により不正解です。

B. create は設定情報を作成するコマンドです。
C. delete は設定情報を削除するコマンドです。
D. list は設定情報のリストを表示するコマンドです。

3 B

App Engine の場合、「gcloud app services set-traffic」コマンドを使用して、バージョンごとにトラフィックを分けることができます。選択肢 B のコマンドでは、v1 バージョンに 30%、v2 バージョンに 70% のトラフィックを割り当てています。
選択肢 A、C、D は次の理由により不正解です。

A. compute は Compute Engine を操作するコマンドです。
C. app deploy はアプリケーションをデプロイするコマンドです。

D. コマンドは正しいですが、トラフィックを分ける値が v1 に
70%、v2 に 30% になっています。

4 C

「gsutil cp」は、ローカルのファイルやフォルダをバケットにコピー、
またはバケットにあるオブジェクトをローカルにコピーするコマンド
です。複数のフォルダにあるファイルをコピーする際には、「-m」オ
プションを使って、マルチスレッド処理を行うと、非常に効率的です。
選択肢 A、B、D は次の理由により不正解です。

A. 単一ファイルをコピーする際にマルチスレッド処理を使用して
も、効率はよくなりません。
B. 容量にかかわらず単一ファイルをコピーする際はマルチスレッ
ド処理を使用しても、効率はよくなりません。
D. Cloud Storage 内の単一ファイルをローカルにコピーする場合に、
マルチスレッド処理を使用しても、効率はよくなりません。

5 C

「bq query --dry_run」コマンドは、クエリの実行をシミュレートし、
そのクエリが処理するデータの量を返します。これにより、クエリが
処理するデータのサイズを事前に確認できます。
選択肢 A、B、D は次の理由により不正解です。

A. sample はデータをサンプリングするコマンドです。
B. show --schema はテーブルのスキーマを表示するコマンドです。
D. クエリの結果を返しますが、データのサイズを返しません。

索引
index

索引
index

284

285

[著者]
クラウドエース株式会社

クラウドの導入設計から運用・保守までをワンストップでサポートする Google Cloud を専門としたシステムインテグレーター。アプリケーション開発や機械学習などのあらゆる分野における技術的サポートと、コンサルティング、システム開発、Google Cloud 認定トレーニングを提供している。

根本 泰輔 ／ねもと たいすけ

クラウドエース株式会社 技術本部 システム開発部 部長
株式会社日立製作所にて SE として勤務し、2020 年クラウドエース株式会社に入社。エンジニアリングマネージャーとして、エンジニアの成長を促す環境づくりとエンジニア組織の拡大を進めている。座右の銘は「意志あるところ道あり」。あだ名は「ネモティ」。

奥村 健太 ／おくむら けんた

クラウドエース株式会社 技術本部 システム開発部 バックエンドディビジョン　サブリーダー
前職まではオンプレミスで稼働するシステムの開発や保守に従事。2019 年にクラウドエース株式会社に入社。各案件におけるバックエンドの設計、開発、保守を主に担当している。ジムのプールで 500m 泳ぐことが日課。

前山 弘樹 ／まえやま ひろき

クラウドエース株式会社 技術本部 システム開発部 バックエンドディビジョン　マネージャー
ゲーム、SES を経て、2021 年にクラウドエース株式会社に入社。案件にてバックエンド領域の開発に従事しつつ、マネージャーとしてメンバーのサポート、その他様々な業務を行っている。「マネージャーとか柄じゃないんだよな～」と毎日常に思っている。

中野 慎也 ／なかの しんや

クラウドエース株式会社 技術本部 システム開発部 Tech サポートディビジョン
専門学校卒業後、マルチベンダーのオンプレミス環境における保守・構築を主な業務として従事。クラウド関連の資格を取得する中で Google Cloud に興味を示す。2021 年よりクラウドエース株式会社に入社。お客様からの技術的な問い合わせに対応するサポート業務を行っている。

| 坂田 功祐 ／さかた こうすけ

クラウドエース株式会社 技術本部 システム開発部 Data/ML ディビジョン
大学在学中、AIの可能性に惹かれ、IT業界を志す。大学卒業後、2021年にクラウドエース株式会社に入社。主に、データ分析基盤やMLOps基盤の設計、開発、保守を担当している。好きな言葉は「寝る子はよく育つ」。

| 久保 航太 ／くぼ こうた

クラウドエース株式会社 技術本部 企画・戦略室
DOS時代からシステム開発に従事。キャリア初期はハードウェアとの連携を含んだアプリケーションを担当することが多かったが、Javaとの出会いによりWebアプリケーション開発にシフトし、クラウドエースではクラウド環境でのWebAPI開発を担当。現在は組織課題に対応する部署へ異動。ふらっと一人で立ち飲み屋に行くのが何よりの楽しみ。

| 佐塚 大瑚 ／さづか だいご

クラウドエース株式会社 技術本部 システム開発部 Data/ML ディビジョン
高専卒業後、Google Cloud に興味があり、2022年クラウドエース株式会社に入社。入社後はGoogle Cloudの資格を複数取得し、主にデータ分析に用いるデータ基盤構築の設計、開発、保守を行っている。好きな麻雀の役は役満全種。

STAFF |

編集	株式会社トップスタジオ
制作	株式会社トップスタジオ
表紙デザイン	小口 翔平＋畑中 茜＋村上 佑佳（tobufune）
本文デザイン	馬見塚意匠室
表紙制作	鈴木 薫
デスク	千葉 加奈子
編集長	玉巻 秀雄

287

本書のご感想をぜひお寄せください

https://book.impress.co.jp/books/1122101107

■商品に関する問い合わせ先

このたびは弊社商品をご購入いただきありがとうございます。本書の内容などに関するお問い
合わせは、下記のURLまたは二次元バーコードにある問い合わせフォームからお送りください。

https://book.impress.co.jp/info/

上記フォームがご利用いただけない場合のメールでの問い合わせ先
info@impress.co.jp

※お問い合わせの際は、書名、ISBN、お名前、お電話番号、メールアドレス に加えて、「該当する
ページ」と「具体的なご質問内容」「お使いの動作環境」を必ずご明記ください。なお、本書の範囲を
超えるご質問にはお答えできないのでご了承ください。

●電話やFAX でのご質問には対応しておりません。また、封書でのお問い合わせは回答までに日数をい
ただく場合があります。あらかじめご了承ください。
●インプレスブックスの本書情報ページ　https://book.impress.co.jp/books/1122101107 では、本書
のサポート情報や正誤表・訂正情報などを提供しています。あわせてご確認ください。
●本書の奥付に記載されている初版発行日から3年が経過した場合、もしくは本書で紹介している製品や
サービスについて提供会社によるサポートが終了した場合はご質問にお答えできない場合があります。

■落丁・乱丁本などの問い合わせ先
FAX　03-6837-5023
service@impress.co.jp
※古書店で購入されたものについてはお取り替えできません。

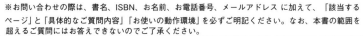

徹底攻略 Google Cloud 認定資格
Associate Cloud Engineer 教科書

2023 年 8 月 11 日　初版発行

著　者　根本 泰輔　奥村 健太　前山 弘樹　中野 慎也
　　　　坂田 功祐　久保 航太　佐塚 大瑚
発行人　高橋 隆志
発行所　株式会社インプレス
　　　　〒101-0051　東京都千代田区神田神保町一丁目 105 番地
　　　　ホームページ　https://book.impress.co.jp/

本書は著作権法上の保護を受けています。本書の一部あるいは全部について（ソフトウェア及びプ
ログラムを含む）、株式会社インプレスから文書による許諾を得ずに、いかなる方法においても無
断で複写、複製することは禁じられています。

印刷所　株式会社 暁印刷
ISBN978-4-295-01763-9　C3055
Printed in Japan

※本書籍の構造・割付体裁は株式会社ソキウス・ジャパンに帰属します。